室内设计教程

U0673005

室内空间设计

谭晓东　等编著

中国建筑工业出版社

图书在版编目（CIP）数据

室内空间设计/谭晓东等编著.—北京：中国建筑工业出
版社，2010（2025.2重印）
室内设计教程
ISBN 978-7-112-12140-3

Ⅰ.①室…　Ⅱ.①谭…　Ⅲ.①室内设计：空间设计—教
材　Ⅳ.①TU238

中国版本图书馆CIP数据核字（2010）第095302号

责任编辑：郑淮兵　张莉英
特约编辑：缪峥嵘
责任设计：姜小莲
责任校对：张艳侠　陈晶晶

本书电子版同步出版，发行地址如下：
http://www.cabp.com.cn /szs.jsp?id=19368

室内设计教程

室内空间设计

谭晓东　等编著

＊
中国建筑工业出版社出版、发行（北京西郊百万庄）
各地新华书店、建筑书店经销
北京美光制版有限公司制版
建工社（河北）印刷有限公司印刷
＊
开本：880×1230毫米　1/24　印张：7　字数：252千字
2010年9月第一版　2025年2月第三次印刷
定价：39.00元
ISBN 978-7-112-12140-3
　　　　（19368）

编委会成员

主编:

谭晓东

编委:

符　文	张　风	肖姗姗	李德真	范　琦	王鸿燕
尹丽娜	刘首含	姚振学	王军如	赖敬红	高　革
原　彬	王麒齐	胡　晓	严世敏	舒爱华	类唯顺
毛征宁	聂　华	刘礼俊	邱勋雄	王星星	刘　阳
张清心					

前言

室内设计是室内的空间环境设计，是对建筑设计进行深化，是为构成预想的室内生活、工作、学习等必需的环境空间而进行的设计工作。室内设计不仅是考虑建筑空间的六面体问题，而且是运用多学科的知识，综合地进行多层次的空间设计。现代室内设计是根据建筑空间的使用性质和所处环境，运用物质技术手段和艺术处理手法，从内部把握空间，设计其形状和大小。为了满足人们在室内环境中能舒适地生活和活动，而整体考虑环境和用具的布置设施。是根据建筑物的使用性质、所处环境及相应标准综合运用空间组织、功能安排和室内物理学（声、光、热），以及心理学、社会学、现代装饰艺术等手段，使室内环境无论在视觉效果上，还是在使用功能上，最大程度地满足人的需要。

20世纪80年代以来，我国人民的生活水平不断提高，室内设计方兴未艾，室内设计已经越来越与人们的生活、工作密切相关，日益受到人们的高度重视。室内设计作为一门学科，亦得到了空前的发展，展现出蓬勃向上的气势。当前，室内设计进入了一个高速发展时期，大量建筑诞生的同时也诞生了更多的内部空间。因此我国急需大批优秀的室内设计人才。为帮助广大设计人员提高室内设计能力，特组织中国建筑学会室内设计分会专家、大学教授和知名设计师精心编写出这套丛书，这是作者积多年教学和设计工作的实践经验编写而成，该丛书全面系统地介绍了室内设计原理和相关知识，并配以大量图片、设计图稿，使内容更加完善、翔实。

本丛书可作为大专院校室内设计与建筑装饰专业的教学资料、教材使用，亦可作为相关专业的高级培训教材使用。此套书包括《室内空间设计》、《室内陈设艺术设计》、《室内绿化与水体设计》、《室内色彩设计》四本。在编著过程中，我们尽量以室内设计的基本理论与实际案例结合来阐述，并采用图片、图解资料来进行翔实的剖析研究。理论和设计实践结合是本套书独特之处，值得广大读者阅读和使用。

本套书备有电子文档，图片、图解资料丰富详尽，便于读者和设计人员查找使用，电子图书请登陆www.cabp.com.cn/szs.jsp?id=19368查阅。

目　录

第一章
室内空间概述

一、室内空间的概念

室内空间是指建筑、汽车、船舶、飞行器等内部空间，是由面围合而成，通常呈六面体形状，这六面体分别由顶面、底面和墙面组成。室内空间具有采光、通风、安全、密封、上下通行、便利、舒适等基本功能。

在人类社会中，建筑数量巨大，室内空间以建筑室内空间居多。建筑室内空间由顶面、墙体、柱、地面、楼梯、门、窗等部分组成，还包括雨篷、阳台、台阶、栏杆、通风道等附属的构件。其中：

顶面：是建筑顶部的承重和围护构件，由屋面、保温（隔热）层和承重结构组成。

墙体和柱：墙体是建筑物的承重和围护构件。在框架承重结构中，柱是主要的竖向承重构件。

楼地层：是楼房建筑中的水平承重构件，包括底层地面和中间的楼板层。

楼梯：楼房建筑的垂直交通设施，供人们平时上下和紧急疏散时使用。

1　中国石油办公楼中庭

门：门主要用作内外交通联系及分隔房间。

窗：窗的主要作用是采光和通风（图1~图3）。

2　巴厘岛度假酒店大堂
3　度假酒店休闲平台
4　度假酒店咖啡厅
5　KTV娱乐空间
6　会议室办公空间

2

3

4

5

　　建筑室内空间的范围极其广泛，按其功能划分包括
住宅、写字楼、学校、图书馆、美术馆、医院、旅馆、
商店等各种建筑空间。以上诸方面各具有不同的条件、
功能和技术要求（图4～图12）。

6

7　家居客厅空间

8

9   10

11

12

二、室内空间的功能

空间的功能包括物质功能和精神功能。

1. 物质功能

是室内空间具备的物质条件，如室内空间面积、室内空间形状、室内空间层高、室内空间结构、室内空间材料、室内空间采光、室内空间照明、室内空间通风、隔声、隔热、室内空间水电设施等物理环境，可以充分满足空间使用舒适、个性、特殊性等要求。

如酒店室内空间根据使用功能分为大堂、客房、酒吧、餐厅、多功能厅等区域，在满足酒店基本的物质需要后，还应考虑符合酒店业主的经营条件，满足酒店投资造价需求，以及日常维修、保养等方面开支的限度，提供安全设备和安全感，并在酒店经营期间发生变化时，有一定的灵活性，即动态可变的因素。图13所示为酒店套房空间。

13　酒店套房空间

2. 精神功能

室内空间具有舒适优美、满足人们精神生活需要的室内环境氛围。这一空间环境既具有使用价值，满足相应的功能要求，同时也反映了历史文脉、室内风格、环境气氛等精神因素。在室内空间中人们获得精神上的满足和美的享受。

精神功能体现在不同的室内空间，如故宫太和殿，建筑面积2377.00m²，高26.92m，连同台基通高35.05m，为故宫内规模最大的殿宇。太和殿的装饰十分豪华。檐下施以密集的斗栱，室内外梁枋上饰以和玺彩画。门窗上部嵌成菱花格纹，下部浮雕云龙图案，接榫处安有镌刻龙纹的镏金铜叶。殿内金砖铺地，明间设宝座，宝座两侧排列6根直径1m的沥粉贴金云龙图案的巨柱，所贴金箔采用深浅两种颜色，使图案突出鲜明。宝座前两侧有四对陈设：宝象、甪端、仙鹤和香亭。宝象象征国家的安定和政权的巩固；甪端是传说中的吉祥动物；仙鹤象征长寿；香亭寓意江山稳固。宝座上方天花正中安置形若伞盖向上隆起的藻井。藻井正中雕有蟠卧的巨龙，龙头下探，口衔宝珠。太和殿以其空间形式上的雄伟、堂皇、庄严、和谐，突出皇权的威严，震慑天下。图14为故宫另一大殿乾清宫。

又如教堂是典型的宗教建筑，其精神功能决定室内空间的形式，要求其达到一种神秘的气氛。在西方教堂

14　故宫乾清宫

的空间中，我们可以看到指向天空的穹形屋顶，暗示着人死亡后可以升入天堂，引导信徒们对其顶礼膜拜；可以看到很高的柱子，暗示着神力的伟大；可以看到数量众多的台阶，暗示着信徒需要经历很多坎坷方能到达极乐世界。

室内空间的精神功能是满足和适应当代社会、经济、文化、科学技术繁荣发展而映射人类对生存理念的更新并转换为物质与精神的多元主题空间的需求，设计师应尽力去创造与现代生活相应的室内空间，这是室内空间创作的主要任务。

三、室内空间设计的概念

　　自古以来，室内设计从属于建筑设计，由建筑师主持，没有得到应有的重视。人们对室内设计也看得很简单，没有认识到它是空间艺术、环境艺术的综合反映。17世纪，因室内设计与建筑主体分离，室内装饰风格、样式逐渐发展变化。19世纪以后，室内设计开始强调功能性、追求造型单纯化，并考虑经济、实用、耐久。20世纪初室内装饰反趋向衰落，而强调使用功能以合理形态表现（图15）。

　　室内设计是建筑物设计的一部分，是建筑设计中不可分割的组成部分。和建筑设计方案一样，同一个室内空间，可以设计成各种不同的室内风格，其效果当然是截然不同的。室内设计实际上是室内的空间环境设计，是对建筑设计进行深化，是为构成预想的室内生活、工作、学习等必需的环境空间而进行的设计工作。室内设计不仅是考虑建筑空间的六面体问题，而且是运用多学科的知识，综合地进行多层次的空间设计。其在手法上是利用平面立体和空间构成、透视、错觉、光影、反射

15　香水湾酒店餐厅

16　香水湾酒店餐厅特色天棚
17　香水湾酒店过厅

和色彩变化等原理以及物质手段，使大空间变小、小空间变大，按设计构思要求，将空间重新划分和组合，使之增加视觉上的扩展延伸，通过各种物质构件组织变化，添加层次，以求大而不感其空，小而不感其挤，创造出预期的格调和环境气氛。现代室内设计是根据建筑空间的使用性质和所处环境，运用物质技术手段和艺术处理手法，从内部把握空间，设计其形状和大小。为了满足人们在室内环境中能舒适地生活和活动，而整体考虑环境和用具的布置设施（图16）。

　　20世纪80年代以来，我国人民的生活水平不断提高，室内设计方兴未艾，室内设计已经越来越与人们的生活、工作密切相关，日益受到人们的高度重视。室内设计作为一门学科，亦得到了空前的发展，展现出蓬勃向上的生机（图17）。

第二章
室内空间知识

一、室内空间透视的原理

1.平行透视

    平行透视又称一点透视，就是将立方体放在一个水平面上，前方的面（正面）的四边分别与画纸四边平行时，上部朝纵深的平行直线与眼睛的高度一致，消失成为一点。而正面则为正方形，图1为平行透视原理图。平行透视效果如图2所示。

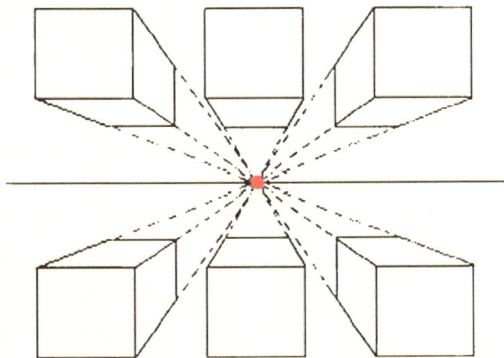

1

2

1   平行透视原理图
2   平行透视效果图

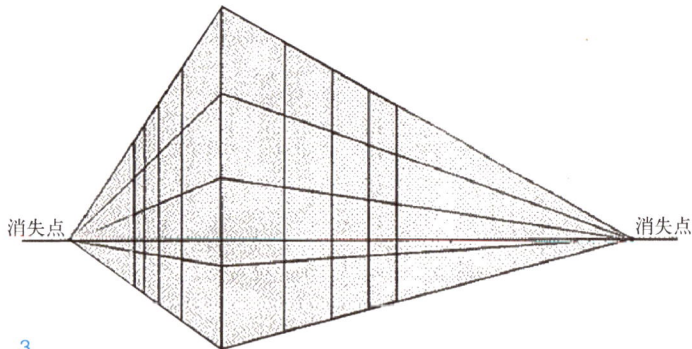

3

消失点　　　　　　　　　　　消失点

4

2. 成角透视（二点透视）

　　成角透视就是一个立方体任何一个面均不与画面平行（即与画面形成一定角度），但是它垂直于画面底平线。它的透视变线消失在视平线两边的余点上，称为成角透视，也称二点透视（图3）。

　　成角透视效果图如图4所示。

3. 倾斜透视（三点透视）

　　倾斜透视就是一个立方体任何一个面都倾斜于画面（即人眼在俯视或仰视立体时），除了画面上存在左右两个消失点外，上或下还产生一个消失点，因此作出的立方体为三点透视（图5）。

消失点　　　　视点水平线　　　消失点
　　　　　　　（眼睛的高度）

消失点

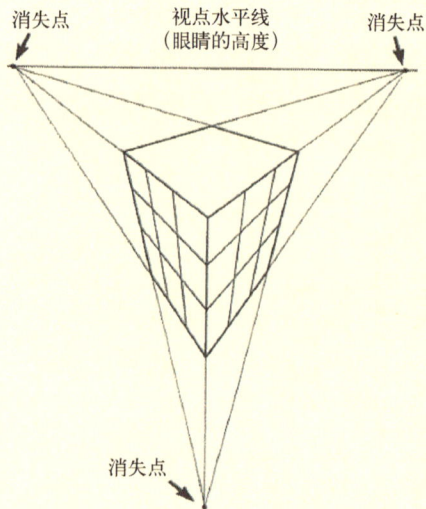

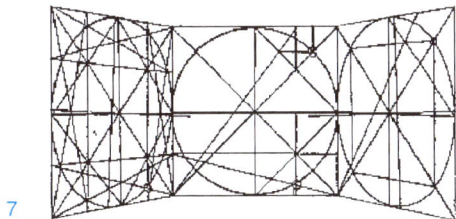

7

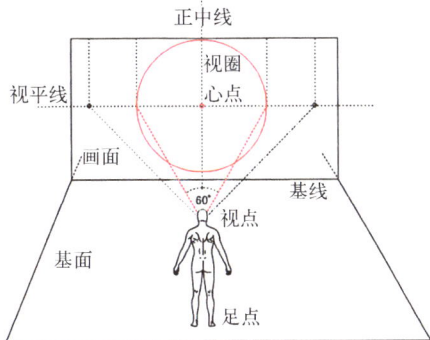

正中线

视圈

视平线　　　心点

画面

基线

基面　　　60°　视点

足点

7　圆的透视原理图
8　圆的透视表现图
9　透视原理图

9

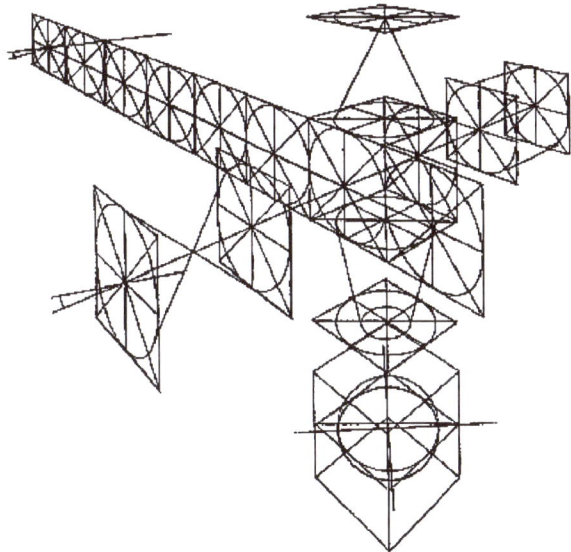

8

4. 圆的透视图

　　圆形的透视表现，应依据正方形的透视方法来进行，不管在哪一种透视正方形中表现圆形，都应依据平面上的正方形与圆形之间的位置关系来决定。因为圆形在正方形中与四条边线的中点和十字交叉线的末端相交。并且在正方形两条对角线至4个角处相交形成正方形与圆形的关系。所以，不管是怎样的透视圆形，都应该在相应的透视正方形中米字线的相关点上通过才是合理的透视圆形（图7、图8）。

5. 透视的基本术语

视平线：　就是与画者眼睛平行的水平线。

心　点：　就是画者眼睛正对着视平线上的一点。

视　点：　就是画者眼睛的位置。

视中线：　就是视点与心点相连，与视平线成直角的线。

消失点：　就是与画面不平行的成角物体，在透视中延伸到视平线心点两旁的消失点。透视原理图见图9。

二、室内空间构成的特点

室内空间是建筑环境的主体，建筑依赖室内空间来体现它的使用性质。其中地面（基面）、墙面（垂直面）和顶面是室内空间构成的基础，它决定着室内空间的容量和形态（图10）。

1. 基面

基面分为水平基面、抬高基面和降低基面三大类（图11）。

水平基面：室内地面在同一水平面，没有高差，因而它具有良好的空间连续性。

抬高基面：室内地面局部抬高，是对大空间进行限定的一种常用而有效的形式。与周围环境之间的视觉联

10

10　办公空间大厅
11　办公空间地面图

12

13

系程度，是依靠高程尺度的变化来维持的。当抬高基面较低时，被抬高部分空间和原空间具有较强的整体感；当抬高的高度稍低于正常人的视高时，视觉连续性尚可维持，但空间的连续性就被中断；当抬高的高度超过视高时，视觉和空间连续性都被中断，整体空间不复存在，被划分成两个不同的空间。

降低基面：室内地面局部降低，具有很强的内向性和保护性。

2. 顶面

顶面可以利用局部降低或抬高来划分空间，丰富空间感，还可以结合色彩、图案和质感来改进空间的音响效果或给空间一种方向特性（图12）。

3. 垂直面

垂直面是空间中最活跃的元素，分为L形的垂直面、平行的垂直面和U形的垂直面等（图13）。

三、室内空间的界面处理

室内界面主要由地面、墙面、顶棚三部分围合而成。

1. 室内空间各界面的要求

(1) 耐久性;

(2) 防火性能,尽量用不易燃烧的材料;

(3) 环保、无毒害;

(4) 易于制作安装和施工;

(5) 必须要具备隔热、保温、隔声、吸声等性能;

(6) 相应的经济要求（代价和效用之间寻求一个均衡点）。

2. 室内空间各界面的功能特点

(1) 地面要具有耐磨、耐腐蚀、防水、防潮、防滑、易清洗等功能特点;

(2) 墙面具有较高的隔声、吸声、保暖、隔热等功能;

(3) 顶面具有轻质、光反射率高,较高的隔声、吸声、保暖等功能特点。

3. 各界面装饰材料的选用

(1) 适应室内使用空间的功能性能。对于不同功能的性质的室内空间,需选用不同的装饰材料;

(2) 适合空间界面的相应部位;

(3) 满足更新、时尚发展的需要。设计装修后的室内环境,并不是永久不变的,需要不断地更新,追求时尚。

4. 装饰界面的设计原则

(1) 装饰、装修要与室内各空间的特定要求相协调一致,达到高度的、有机的统一;

(2) 空间界面在处理上不要过分的突出;

(3) 充分利用材料的质感;

(4) 充分利用色彩的效果;

(5) 充分利用其他造型艺术手段,如图案、几何形体、线条等艺术表现力。

第三章
室内空间种类

室内空间的类型可以根据不同空间构成所具有的性质和特点来加以区分，以利于在设计组织空间时选择和利用。室内空间常见的组织形式有：

一、结构空间

结构是指在建筑物中，由建筑材料做成用来承受各种荷载或者作用，以起骨架作用的空间受力体系。结构因所用的建筑材料不同，可分为混凝土结构、砌体结构、钢结构、钢筋混凝土结构、木结构和组合结构等。在室内设计中通过对室内空间结构外露部分的设计及营造所形成的空间，可称为结构空间。结构空间以体现建筑本身结构为美，不需要繁琐的装饰和造型，适用于现代大型建筑室内空间，具有现代感、科技感、力度感的空间特点（图1～图3）。

1 广州机场结构大厅

2

2 广州机场顶棚结构
3 广州机场外墙结构

3

二、开敞空间

　　开敞空间是将室内空间的局部或全部打开，形成对外开敞的状态。在很多设计案例中，通过开敞空间的引入，打破了室内空间的孤立性，解决了室内空间开敞性和私密性的矛盾，从而使室内空间与外环境有机结合。

　　开敞空间是外向型的，限定性和私密性较小，强调室内空间与外部空间环境的融合，模糊室内、室外的界限。如热带、亚热带地区度假酒店大堂，通常设计为开敞空间，可提供更多的室内外景观和扩大视野，借用室外热带景观造型，与大自然或周围空间的渗透、交流，达到理想的效果（图4、图5）。

4　架空层开敞空间

5　架空层花园水景

三、封闭空间

封闭空间是由于某些室内空间的使用要求和节能的需要产生的。封闭空间是由墙体、隔断等实体围合而成，除必需的门、窗外，空间通常呈完全隔绝的封闭形状。封闭空间具有密封、隔声、安全等特点，给人安全、私密的感觉。

封闭空间对外界的各种环境因素具有较强的排斥特性，对外界的热、声环境有很强的抵御能力，但同时与周围环境的流动性较差。一个完全封闭的室内空间会对人的生理和心理健康产生一定的消极影响。因此，应采用人工的手段给封闭空间提供一个良好的视觉环境，以达到扩大空间感和增加空间层次的目的（图6）。

6 家居空间

四、动态空间

　　动态空间是把空间看做一种生动的力量，利用机械化、电气化、自动化的设施如电梯、旋转地面、可调节的维护面、各种管线、活动雕塑以及各种信息展示，加上人的各种活动，空间构成形式富有丰富的动感变化，形成丰富的动势。动态空间是由人、空间、时间组成的"新空间"（图7～图9）。

7　酒吧娱乐空间

8　娱乐空间门厅
9　酒店大堂

8

五、静态空间

　　静态空间就是在室内空间中形成一定程度的静态领域，其空间形态相对比较稳定。空间常以封闭形式为主，限定性强，具有安静、私密的特点。可充分满足人的心理上对该领域空间气氛的要求。

　　静态空间一般以对称式、均衡式的布局为主，空间较为清晰，明确，具有集中、稳定、平衡、统一的空间效果，适宜会议、办公、客房等空间（图10、图11）。

11

10

10　酒店客房
11　酒店咖啡厅

六、悬浮空间

空间悬浮在室内空中，通常采用吊竿悬吊结构或用梁在空中支撑。因而人们在其上有一种新鲜有趣的"悬浮"之感，还可以保证视觉的通透完整，轻盈高爽，其底部空间的利用也更加自由，灵活（图12）。

12　大厅悬浮空间

七、虚拟空间

　　虚拟空间是指在以界定的空间内通过界面的局部变化而再次限定的空间。由于缺乏较强的限定度，而是依靠联想和"视觉完形性"来划分空间，所以也称为"心理空间"。如局部升高或降低地坪和顶棚，或以不同材质、色彩的平面变化来限定空间。虚拟空间可借助各种家具、陈设、绿化、水体、照明、色彩、材质、结构构件及改变标高等因素形成（图13）。

13　家居虚拟空间

室
内
空
间
设
计

14 家居下沉空间

八、下沉空间

下沉空间是将室内地面局部下沉，在统一的室内空间产生出一个界限明确、富于变化的独立空间。下沉空间具有隐蔽感、保护感和宁静感的特点。在实际运用中下沉空间可形成一定私密性的小天地，适用于多种性质的空间。根据空间具体条件和要求，可设计不同的下降高度，也可设计围栏保护，一般情况下，下降高度不宜过大，避免产生进入底层空间或地下室的感觉（图14）。

15

15　卧室地台空间
16　浴室地台空间

16

九、地台空间

　　地台是将室内地面局部抬高，从而产生的地台空间。地台通常采用木龙骨、轻体砖和轻钢龙骨搭建，它不但划分了室内功能分区，地台会让空间更有层次，而且还可以在地台下设置贮存空间，更有效地利用剩余空间，并赋予空间多种功能性。

　　地台空间适用于展示和陈列，如将家具、汽车等产品以地台的方式展出，创造新颖、现代的空间展示风格。现代住宅的卧室或起居室可利用地面局部升高的地台布置床位，产生简洁而富有变化的室内空间形态。一般情况下地台抬高高度为 40～50cm（图15、图16）。

17

18

十、共享空间

　　共享空间就是和别人共同享用的综合性、多用途空间，一般是大型公共建筑内的公共活动场所和交通枢纽。在空间处理上，共享空间是一个具有运用多种空间处理手法的综合体系，它在空间处理上，大小空间相互穿插，内外空间融汇。共享空间既有"动"的一面，又有"静"的一面，具有形态丰富的空间。

　　共享空间自20世纪60年代被美国建筑师波特曼首创之后，已成为广受欢迎的一种设计手法。这一空间模式在现代公共建筑中被广泛采用，获得了极大的发展。这是因为现代人的行为心理，不断地承受着新观念的刺激与挑战，使人们的观念不断地更新，人与人之间的感情交流，心态传递的需求就越发的强烈。在现代的生活中，人们不愿也不甘心生活在闭塞的空间之中，渴望享受开放明快的建筑环境，借以满足在新观念支配下的新型的生活方式，这就是共享空间诞生与发展的条件。（图17、图18、图19）。

19

17　酒店共享空间
18　商场共享空间
19　咖啡厅共享空间

20　办公室母子空间

十一、母子空间

在原有室内空间中采用实体性或象征性手法再次分隔出若干小空间，满足新的室内功能要求，即在大空间中出现的"楼中楼"、"屋中屋"的做法。

人们在大空间中一起工作，交流或进行其他活动，有时会感到彼此干扰，缺乏私密性，空旷而不够亲切。而在封闭的小空间虽可避免上述缺点，但又会产生工作中的不便和空间沉闷、闭塞的感觉。母子空间是对空间的二次限定，将分割与开敞相结合，在许多空间被广泛采用，达到丰富空间层次的效果（图20）。

十二、其他空间

还有虚幻空间、凹入空间、外凸空间等。

第四章
室内空间设计的手法

一、空间设计构思的方法

室内设计的方法，这里着重从设计者的思考方法来分析，主要有以下几点：

1. 确定立意

立意是室内空间设计所确立的含意。它包括室内空间的文化思想内容，作者的构思设想和设计意图及动机等。立意是设计的"灵魂"，一个成功的室内空间设计，关键是要有一个好的立意构思。立意产生在设计动笔之前，要做到"胸有成竹"，并在深入设计过程中不断成熟完善。在空间设计中，一个大型室内空间在一个立意下可以包含多重设计主题，以满足多个不同室内空间的需求（图1）。对立意有如下要求：

（1）明确、特色

明确是立意的基本要求。明确是指所确立的主题要

1　酒店大堂

反映室内空间的本质和规律，反映生活的本质和主流，符合自然和社会的发展规律。

特色是指所确立的立意能旗帜鲜明地表现出设计的风格、特色。

（2）集中、单纯

立意是统筹整体空间设计的总纲，必须单纯明确。

2　家居客厅

(3) 深刻、新颖

　　所谓深刻是指所确立的立意能反映空间的本质及内部规律，给人深刻的空间印象。

　　而新颖是指所确定的立意是设计者的新认识、新感受，能给人以新的启示。

　　2. 整体观察、细节着手

　　室内空间设计应从整体空间观察考虑，有一个宏观的视角。室内空间设计观察方法是用整体的视角去看所要表现室内空间对象的全部，然后根据整体感受从中获得最突出、清晰、对比强烈的主要部位（图2）。这样，在空间设计时就有高的起点。

　　一个完整的室内空间是由若干必不可少的细节组成的，但它们相对于整体来说，却又都存在着主要与次要的主宾关系。因此，当我们在深入设计时就不能一视同仁来平均对待，不能导致喧宾夺主的局面出现，而必须首先抓住整个对象中最能体现室内空间神形特征的主要部分进行深入设计。也可以通过比较的方法对整体对象中各部位之间的相互比较来确定出主次关系来进行深入设计。

3. 里外空间、和谐统一

一栋建筑空间通常由若干室内空间构成，每个空间因功能不同各不相同，在进行室内设计时一定要考虑和这一室内环境连接的其他室内空间环境，以及建筑室外环境的和谐关系，采用从里到外，从外到里的观察和设计手法，多次反复协调，获得满意、和谐、统一的效果（图3、图4）。

另外室内空间设计受到多种物质条件制约，如空间使用功能、造价标准、环境因素等。在限定的条件下准确、完整地表达出室内空间设计的构思和意图，是一个优秀室内空间设计的基本要求。

3　家居卧室
4　酒店客房

3

4

二、空间设计分隔的形式

室内空间的分隔可以按照功能需求作种种处理，随着应用物质的多样化，立体的、平面的、相互穿插的、上下交叉的，加上采光、照明的光影、明暗、虚实、陈设的繁简以及空间曲折、大小、高低和艺术造型等种种手法，都能产生形态繁多的空间分隔。空间分隔主要有如下的形式：

1. 封闭式分隔

采用封闭式分隔的目的，是为了对声音、视线、温度等进行隔离，形成独立的空间。这样相邻空间之间互不干扰，具有较好的私密性，但是流动性较差。一般利用现有的承重墙或现有的轻质隔墙隔离。多用于KTV包厢、餐厅包厢及居住性建筑（图5）。

2. 半开放式分隔

空间以隔屏、透空式的高柜、矮柜、不到顶的矮墙或透空式的墙面来分隔空间，其视线可相互透视，强调

5　酒店包厢

室内空间设计

与相邻空间之间的连续性与流动性（图6）。

3. 象征式分隔

空间以建筑物的梁柱、材质、色彩、绿化植物或地坪的高低差等来区分。其空间的分隔性不明确、视线上没有有形物的阻隔，但透过象征性的区隔，在心理层面上仍是区隔的两个空间（图7）。

4. 弹性分隔

有时两个空间之间的分隔方式居于开放式隔间或半开放式隔间之间，但在有特定目的时，可利用暗拉门、拉门、活动帘、叠拉帘等方式分隔两空间。例如卧室兼起居或儿童游戏空间，当有访客时将卧室门关闭，可成为一个独立而又具有隐私性的空间（图8）。

6　书房多宝格高柜
7　酒店咖啡厅
8　半开放的客厅、卧室

6

7

8

9

10

5. 局部分隔

采用局部分隔的目的，是为了减少视线上的相互干扰，对于声音、温度等没有分隔。局部分隔的方法是利用高于视线的屏风、家具或隔断等。这种分隔的强弱因分隔体的大小、形状、材质等方面的不同而异。局部划分的形式有四种，即一字形垂直划分、L形垂直划分、U形垂直划分、平行垂直面划分等，局部分隔多用于大空间内划分小空间的情况（图9）。

6. 列柱分隔

柱子的设置是出于结构的需要，但有时也用柱子来分隔空间，丰富空间的层次与变化。柱距愈近，柱身越细，分隔感越强。在大空间中设置列柱，通常有两种类型：一种是设置单排列柱，把空间一分为二；另一种是设置双排列柱，将空间一分为三。一般是使列柱偏于一侧，使主体空间更加突出，而且有利于功能的实现，设置双列柱时，会出现三种可能：一是将空间分成三部分，二是会使边跨大而中跨小，三是边跨小而中跨大。其中第三种方法是普遍采用的，它可以使主次分明，空间完整性较好（图10）。

11 顶面的高差分隔

　　7. 利用基面或顶面的高差变化分隔

　　利用高差变化分隔空间的形式限定性较弱，只靠部分形体的变化来给人以启示、联想，划定空间。空间的形状装饰简单，却可获得较为理想的空间感。常用方法有两种：一是将室内地面局部提高；二是将室内地面局部降低。两种方法在限定空间的效果上相同，但前者在效果上具有发散的弱点，一般不适合于内聚性的活动空间，在居室内较少使用。后者内聚性较好，但在一般空间内不允许局部过多降低，较少采用。顶面高度的变化方式较多，可以使整个空间的高度增高或降低，也可以是在同一空间内通过看台、挑台、悬板等方式将空间划分为上下两个空间层次，既可扩大实际空间领域，又丰富了室内空间的造型效果。多用于公共空间环境（图11）。

12 软隔断分隔空间

8.利用建筑小品、灯具、软隔断分隔

通过喷泉、水池、花架等建筑小品对室内空间划分,不但保持了大空间的特性,而且这种方式既能活跃气氛,又能起到分隔空间的作用。利用灯具对空间进行划分,通过挂吊式灯具或其他灯具的适当排列并布置相应的光照。所谓的软隔断就是珠帘及特制的折叠连接帘,多用于住宅、水面、工作室等之间的分隔(图12)。

三、空间设计材料的运用

选择装饰材料需要多方面考虑,要注意以下几方面:

(1) 符合室内环境保护的要求

室内装饰材料都要用在室内,所以材料的放射性、挥发性要格外注意,以免对人体造成伤害。

(2) 符合装饰功能的要求

如大理石在家庭装修中一般用于入口门厅及客厅,客厅、卧室等公用区域,可选用地砖、木地板;厨房、洗手间、阳台等公用区域,可选用地砖、墙砖、通体砖材料,其优点是便于清理,卧室、儿童房选用抛光地砖、仿古地砖等较为合适。

(3) 应符合整体设计思想

根据总体设计风格选择装饰材料,才能达到满意的装饰效果。

(4) 应符合经济条件

主要要考虑投资能力,购买预算所能支付范围内的理想材料。

一般装饰装修材料可分为墙体材料、地面材料、装饰线、顶部材料和紧固件、连接件及胶粘剂五大类别。

1. 墙体材料及其运用

墙体材料常用的有乳胶漆、壁纸、墙面砖、涂料、饰面板、墙布、墙毡等。

(1) 壁纸

市场上壁纸以塑料壁纸为主,其最大优点是色彩、图案和质感变化无穷,远比涂料丰富。选购壁纸时,主要是挑选图案和色彩,注意在铺贴时色彩图案的组合,做到整体风格、色彩相统一(图13)。

13　壁纸图案

14　内墙涂料色板

(2) 涂料

室内常用的涂料主要有以下几类：

1) 水溶性涂料：常见有803涂料等。

2) 乳胶漆：目前市场上常见的立邦漆、ICI（多乐士）、GPM马斯特乳胶漆等。这类漆特点是有丝光，看着似绸缎，一般要涂刷两遍。乳胶漆遮盖力强，色泽柔和持久，易施工、可清洗。乳胶漆的选择，可根据个人喜好、房间的采光、面积大小等因素来选。

3) 多彩喷涂：多彩喷涂是以水包油形式分散于水中，一经喷涂可以形成多种颜色花纹，花纹典雅大方，有立体感。且该涂料耐油性、耐碱性好，可水洗。

4) 内墙涂料（仿瓷涂料）：仿瓷涂料优点是表面细腻，光洁如瓷，且不脱粉、无毒、无味、透气性好、价格低廉。但耐温、耐擦洗性差（图14）。

(3) 饰面板

内墙面饰材有各种护墙壁板、木墙裙或罩面板，所用材料有胶合板、塑料板、铝合金板、不锈钢板及镀塑板、镀锌板、搪瓷板等。胶合板为内墙饰面板中的主要类型，按其层数可分为三合板、五合板等，按其树种可分为水曲柳、榉木、楠木、柚木等（图15）。

(4) 墙面砖

室内空间装修中，经常用陶瓷制品来修饰墙面、铺地面、装饰厨卫。陶瓷制品吸水率低，抗腐蚀，抗老化能力强。瓷砖品种花样繁多，包括釉面砖、斑釉砖、白

15

16

15　饰面板图案
16　墙砖图案

底图案砖、通体砖等（图16）。

2.地面材料运用

地面材料一般有实木地板、复合木地板、天然石材、人造石材地砖、纺织型产品制作的地毯、人造制品的地板（塑料）。

(1) 实木地板

实木地板是木材经烘干、加工后形成的地面装饰材料。它具有花纹自然，脚感好，施工简便，使用安全，装饰效果好的特点。实木地板采用天然实木原料制作，具有自然纹理、质感与弹性，具有环保、耐用等优点（图17）。

(2) 复合地板

复合地板是以原木为原料，经过粉碎、添加黏合材料和防腐材料后，加工制作成为地面铺装的型材。

(3) 地砖

地砖是主要铺地材料之一，品种有通体砖、釉面砖、通体抛光砖、渗花砖、渗花抛光砖。它的特点是：质地坚实、耐热、耐磨、耐酸、耐碱、不渗水、易清洗、吸水率小、色彩图案多、装饰效果好（图18）。

(4) 石材板材

石材板材是天然岩石经过荒料开采、锯切、磨光等加工过程制成的板状装饰面材。石材板材具有构造致密、强度大的特点，具有较强的耐潮湿、耐候性（图19）。

(5) 地毯　地毯质感柔软厚实，富有弹性，并有很好

17

18

19

20

17　木地板图案
18　地砖图案
19　石材图案
20　地毯图案

的隔声、隔热效果（图20）。

　　3. 装饰线板运用（图21）

　　装饰线板包括檐口线脚、挂镜线、踢脚板、护墙板。

　　(1) 檐口线脚

　　在墙面与顶棚板交接部分，装饰檐口线脚具有过渡、衔接的作用。

　　(2) 挂镜线

　　挂镜线除了用做挂画、挂镜框的功能外，还有与檐口线脚相同的作用。

　　(3) 踢脚板

　　安装踢脚板是为了保护和装饰墙面的需要，它起到分隔地面和墙面的作用，使整个房间上、中、下层次分明，富有空间立体感。

(4) 护墙板

护墙板就是保护墙面，防止墙面被沾污，同时也使墙面显得更有层次，围护的氛围感也更强，客厅、餐厅宜装护墙板。

4. 顶部材料运用

常用的吊顶材料有：木质三合板、纸面石膏板、装饰石膏板、塑料扣板、铝扣板和塑料有机透光板等。

其作用主要有：隔热、降温，掩饰原顶棚各种缺点，取得装饰效果和烘托气氛。

(1) PVC吊顶

PVC吊顶是以聚氯乙烯为原料，经挤压成型组装成框架再配以玻璃而制成的。它具有轻、耐磨、耐老化、隔热隔声性好、保温防潮、防虫蛀又防火等特点。主要适用于厨房、卫生间（图22）。

(2) 石膏板吊板

石膏吊顶装饰板是室内空间中应用最广的一种新型吊顶装饰材料。主要功能有：保温、隔热，又有装饰作用。纸面石膏板用途广泛，装饰作用强，适用于居室、客厅的吊顶（图23）。

(3) 矿棉板

矿棉板作为一种新型吊顶装饰材料，具有优良的吸声性能，可控制和调整混响时间，改善室内音质，降低噪声；同时具有优良的耐火性能和轻盈、美观、保温、

21　檐口线脚图案

隔热等特点（图24）。

    (4) 装饰灯具

    室内灯具按固定形式可分为固定式及移动式；按安装位置可分为顶灯、壁灯、地灯、台灯等。顶灯又可分为吸顶灯、装饰吊灯、水晶灯、射灯、麻将灯等（图25）。

    今后装饰材料的发展趋势将趋向于无害化、复合型材料、制成品与半成品化。

22   塑料扣板图案
23   石膏装饰板图案
24   矿棉板图案
25   灯具图案

22

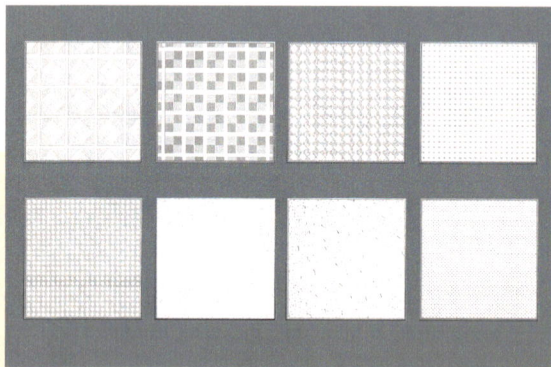

23

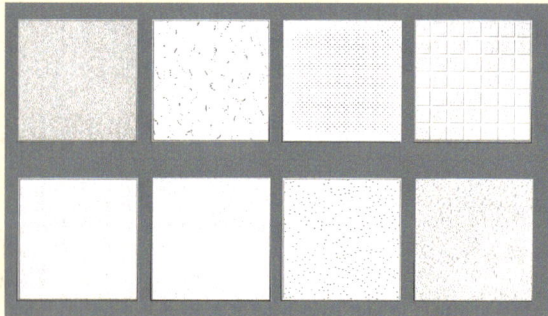

24

25

四、空间设计尺度的调节

1. 用色彩调节空间感

对不同的色彩，人们的视觉感受是不同的。充分利用色彩的调节作用，可以重新"塑造"空间，弥补空间的某些缺陷。

(1) 空间狭长

要弥补这一缺陷，在两堵短墙上所用的色彩应比两堵长墙深暗些，即短墙要用暖色，而长墙要用冷色，因为暖色具有向外移动感。另一种方法是至少一堵短墙上的墙纸颜色要深于一堵长墙上的墙纸颜色，而且墙纸要呈鲜明的水平排列的图案。这样的处理将会产生将墙面向两边推移的效果，从而增加房间的视觉空间。

(2) 顶棚太高

要降低顶棚的视觉高度，可用较墙面温暖、深浓的色彩来装饰顶棚。但必须注意色彩不要太暗，以免使顶棚与墙面形成太强烈的对比，使人有塌顶的错觉（图26）。

26　博鳌索菲特酒店大堂

43

27 家居客厅

（3）顶棚太低

在这种情况下，顶棚的颜色最好用白色，或比墙面淡的色彩，以"提升"墙顶。用条木装饰墙顶也行，重复的一根根条木能给墙顶带来一种动感。

（4）空间太小

要改变这种状况，扩大视觉空间，可满地铺设不花哨的中性色地毯，但色彩不能太深，也不能太浅，墙面至少用两种较地毯淡的色彩。墙顶用白色，而门框及窗框采用与墙面相同的色彩。

2. 用材质调节空间感

装饰材料的不同质感对室内空间环境会产生不同的影响，材质的扩大感、缩小感、冷暖感、进退感，给空间带来宽松、空旷、温馨、亲切、舒适、祥和的不同感受，在不同功能的建筑环境设计中，装饰材料质感的组合设计应与空间环境的功能性设计、职能性设计、目的性设计等多重设计结合起来考虑。如空间狭小，可考虑使用透明材料进行装饰和制造家具，可使空间开阔，如墙、地两界面材质较硬，可考虑使用软质材料。

住宅空间环境以舒适方便、温馨恬静为前提，材料选择以质地平和、简洁、淡雅的自然材料为主，也可以点缀适量的玻璃、金属和高分子类材料，显示时代气息（图27）。

28

29

28　南田温泉酒店大堂顶棚
29　博鳌索菲特酒店卫生间

3. 用造型和图案调节空间感

用抽象雕塑平衡室内空间的构图，用大尺度的图案调解空间的高大空旷感；利用几何图形错觉，横向的线条，把人的目光引向左右，使空间显得宽阔；竖向的线条，把人的目光引向上下，使空间显得高大，获得更好空间效果（图28）。

4. 用照明调节空间感

灯光可以加强艺术造型的主体感，向上投光的壁灯，可使过高的空间感觉降低；如果将顶棚涂上淡雅的冷色，并在顶棚的四周装暗饰灯，就会使人觉得顶棚升高了许多；室内采用间接照明比直接照明空间感更好；采用吸顶灯也会使房间变得高深开阔，并富有现代感；如用制作的正片风景彩照，配制暗箱灯嵌入墙壁内，就会使人觉得这面墙又开了一个窗户，扩大房间视野（图29）。

30 化妆品专卖店

5. 用错觉调节空间感

在墙面用镜面装饰可使室内空间感到开阔，或把立柱用镜面包装，可使立柱在视觉上感觉消失（图30）。

现以商店为例说明：

小空间灯具店设计可多用镜面扩大空间，镜面反射将各式各样的灯具连成一片，璀璨夺目，吸引顾客进去，实际这个商店并不大，只是由于周围全镶上了镜子，从房顶延伸下来，使整个店堂好像增加了一倍的面积，由于镜面的折射和增加景深的作用，屋顶上悬挂的灯具也陡然增加了一倍，显得丰盛繁多，给人以目不暇接之感。这就是利用空间错觉，丰富商品陈列、降低经营成本在商业中的妙用。

在寸土寸金的商场中，如果借鉴以上做法，在商品的陈列中充分利用镜子、灯光之类的手段，不仅能使商品显得丰富多彩，而且能减少陈列商品的数量，降低商品损耗和经营成本。在一些空间较小的区域，利用镜子、灯光等手段使空间显大，不仅能调节消费者的心情，而且也能使销售人员以更好的心情为消费者服务。

第五章
室内空间设计的运用

一、商业空间设计

商业空间是指商场、超市等营业空间，商业空间设计以展示商品、促进销售和展示产品为目的。可从如下方面着手设计：

1.环境设计与设计定位

商场的环境设计是一种生态系统，要营造一个现代的、时尚的、具有一定品牌号召力的购物商场，在公共空间设计上必须能够准确地表达卖场的商业定位和消费心理导向。对商业建筑的内外要进行统一的设计处理，使其设计风格具有统一的概念和主题，商场展示拥有了明确的主题，所收到的传播效果及吸引力会大大增强。

在商业资源的吸纳、定位、重置、重组的过程中，贯穿全新的设计概念，建造一个时尚魅力的卖场空间，这就需要设计师和企业决策者进行相应的沟通交流，使企业上下设计思想达到一致，让新的设计理念得到彻底的贯彻落实。

2.动线规划与种类布局设计

在商业卖场室内设计与规划中，首先要解决的问题是：建筑自身的结构特点与商业经营者要求的利用率进行动线设计整合，以满足商业定位的要求。对宽度、深度、曲直度的适应性推敲，给进入商场的消费者舒适的行走路线，有效地接受卖场的商业文化，消除购物产生的疲劳，自觉地调节消费者的购物密度，是动线规划设计功能的重要体现。

商场的布局取向，在卖场空间内承载着实现多种经营主体之间相互促进、相互配合与衔接的作用，让消费者在科学的格局中采集到大量的来自不同品牌背景的文化信息。充分考虑员工人流、客流、物流的分流，考虑人流能到达每一个专柜，杜绝经营死角。还应设置员工休息间，休息间内设置开水炉、休息座、碗杯柜，在各楼层设置员工用饮水机、IP电话，只有让员工满意了，才能更好地为顾客服务。在每一层设置休息座，包括咖啡吧、饮水机、IP电话；在每层卫生间设置残疾人专用卫生间，还专门设置吸烟区；在功能上，为方便顾客，设置成衣修改、皮具保养、礼品包装、母婴乐园、维修服务处；对于VIP客户，还应专门设置贵宾厅，其中还应考虑洽谈、会客、休息、茶水、手机充电等功能。

3. 顶棚、地面与公共空间设计

商场室内顶棚营造设计，应力求简洁大气，不宜过分复杂，能达到烘托照明的艺术效果，注重实际功效。商场地面的设计应在动线设计的基础上，适应品牌环境的特点，选取适合的贴面材质，清晰地表达出动线区域的分割引导功能，在主题区域承担着营造氛围的基础作用。

共享空间设计涵盖了商业空间的柱面、墙面、中庭、休闲区、促销区等诸多方面，还应同时顾及今后的实际功能使用和商业主题文化的宣传与推广，这是商场设计中的一个重要环节，它的设计是延续务实与引导时尚的产物，对商场企业文化的建设与推广具有十分重要的现实意义。

4. 氛围与导向系统设计

当商场业种布局确立之后，品牌形象的氛围设计将承担品牌区域的重要诠释作用，是品牌资源的基础。不同品牌的文化属性，依据一定的共享主题，自然而合理地衔接于一个个具体的商业环境里，共同诠释着卖场内的时尚信息。品牌氛围设计集中表达了品牌资源定位的高低、年龄的差异、性别的不同、功能的描述以及时尚的引导。使卖场内的商品布局和定位清晰、准确地传达给消费者。

导向系统是商场环境设计中的重要平面组成部分，应用功能是非常全面的。包括室内室外的全局介绍、楼层业种简介、功能区的导引、品牌文化的宣传等。具体内容的设计排版、材质选择、制作工艺、安装规范都在实际使用中映衬商场的时尚品位。

导向系统不仅仅指示具体的进行方向，更隐含着商场对消费者与经营者商业理念的诠释。

5. 商场光与色的设计

购物场所的光线可以引导消费者进入商场，使购物环境形成明亮愉快的气氛，可以把商品衬托得光彩夺目，引起消费者的购买欲望。照明分为基本照明、特

1

2

殊照明和装饰照明。首层基础照明为1000～1200lx，其他楼层基础照明为700～800lx。在保证整体照明度情况下，尽可能考虑重点照明及二次照明。在色温上，除黄金珠宝及食品考虑暖光，电器考虑冷光，其余基本考虑使用中性色温。

色彩对消费者心理产生影响。不同的色彩及其色调组合会使人们产生不同的心理感受。商场的色彩设计也可以刺激消费者的购买欲望。

色彩对于商场环境布局和形象塑造影响很大，为使营业场所色调达到优美、和谐的视觉效果，必须对商场各个部位，如地面、顶棚、墙壁、柱面、货架、楼梯、窗户、门以及导购员的服装等，设计出相应的色调。

整体以浅色系为主，局部点缀亮丽色彩，来渲染商业气氛及休闲氛围。融入万千百货主题色和企业识别系统，烘托连锁百货的文化和特色。色彩运用要在统一中求变化，变化中求统一（图1、图2）。

二、酒店空间设计

首先要了解酒店设计的分类趋势，在中国我们都熟悉星级酒店的评定标准。但是在2000年以后，对酒店的国际化评估以及国内化评估并非完全依照政府的核定作为依据，更多的是以客人的口碑、价格、档次的评估为准。酒店分类主要包括主题酒店、娱乐酒店、商务酒店、度假酒店、精品酒店等。

1. 主题酒店

主题酒店也称为"特色酒店"，是以某一特定的主题来体现酒店的建筑风格和装饰艺术以及特定的文化氛围，让顾客获得富有个性的文化感受，同时将服务项目融入主题，以个性化的服务取代一般化的服务，让顾客获得欢乐、知识和刺激。历史、文化、城市、自然、神话童话故事等都可成为酒店借以发挥的主题。主题酒店的推出在国外已有近50年的历史。1958年，美国加利福尼亚州的Madonna Inn率先推出12间主题房间，后来发展到109间，成为美国最早、最具有代表性的主题酒店。

2. 娱乐酒店

具有代表的是拉斯维加斯和澳门的赌场酒店。

3. 商务酒店

随着中国经济的发展，万豪等酒店是城市商务酒店的代表。

4. 度假酒店

度假酒店在我国具有代表的是海南三亚的喜来登酒店、香格里拉酒店、希尔顿酒店等。

5. 精品酒店

包括上海新天地的酒店公寓，这些都可以作为精品酒店的代表。

一个五星级酒店几乎囊括了所有室内空间设计功能，里面有公共的大堂部分、餐饮部分（咖啡厅、酒吧）、商务中心、后勤写字楼、健康中心SPA等。

图3所示为某酒店外观设计。

3　酒店外观

酒店室内设计的主要内容如下：

(1) 大堂设计

酒店大堂是留给客人第一印象的地方，因此可以说大堂决定一个酒店的主要形象和基调。室内设计要营造使进入大堂的客人感受到如家般的舒适感和安全感。流线设计方面要做到能够使客人很方便看到总服务台和电梯厅。

大堂的尺度主要取决于酒店的客房数和其他相关公共空间的组织。现代大型商务酒店的大堂通常采用将门厅、休息厅及公共交通空间相结合的设计方式。这种方法在面积分配上很灵活，能够使这三个非盈利部分的面积比例有适当的弹性，同时有利于营造宏大的空间。采用这种设计手法的酒店有：北京的世纪金源大酒店、东方君悦大酒店、上海的四季大酒店等。这种酒店布局通常采用沿横向展开布置休息厅和交通空间，同时也沿横向展开总服务台、西餐厅、商店、电梯厅、门厅酒吧、盥洗室、公用电话、行李以及通往宴会厅的交通通道等。这种布局可以使旅客很方便地到达总服务台（通常休息厅的深度为一跨半到两跨柱网）的同时，还可以很方便地到达电梯厅和休息厅。既方便旅客又有利于管理。在沿街立面方面，这种设计手法能够强化和塑造酒店灯火辉煌的、热烈的商务氛围（图4）。

4　酒店大堂

5　海南凯莱酒店总台

(2) 总服务台

近年酒店的总服务台多采用岛式，而非传统的龛式。将服务台推出的好处是使之更加亲切、体贴。中等规模的酒店大致在400间客房左右，总服务台的长度总和大都在15m左右。将机票、留言、简单商务等功能结合在一起，方便旅客使用（图5）。

(3) 电梯厅和电梯设备

电梯厅应布置在酒店入口或前台登记处很容易看到的地方。还应该考虑电梯厅在客房层的位置，最好把电梯设在走廊的中部，使旅客向任何方向行进的距离总和最短。

从国外的经验值来看，电梯台数通常为0.7部/100间客房。但在实际工程中往往考虑到酒店的档次和方便旅客使用等原因，将电梯每4～6部分组布置在电梯厅两侧。

电梯厅净宽达到4m左右比较合适。可以考虑在电梯厅设置长镜子，以方便旅客调整着装。电梯厅的灯光布置应该与走道有所差异，照度要有所提高。

电梯轿厢忌用窄长的轿厢，因为国内的旅客大都习惯随身携带一些行李，过窄的轿厢不方便后部的旅客进出。一般以选用2m×1.5m的宽扁厢为宜。

几乎所有五星级酒店的大堂都是对公众开放的。为了安全起见，有的酒店在电梯轿厢内增设了控制系统,旅客凭房卡能进入相关楼层，而外人是无法到达酒店客房层的。这种设计方法在提供安全保障的同时，也给旅客带来了一定的不便，其合理性有待进一步验证（图6）。

(4) 客房层走廊

走廊的设计要点是避免使旅客产生狭长的感觉。为此，可以采用添加局部照明和装饰的手法来处理。

现在很常见的一种做法是把相邻的客房走道和卫生间两两分组，走廊两边相对的两组卫生间外墙之间的走廊净距满足1.8m即可; 客房门相对的走廊净距要在2.2m以上。这样，通过加大4组房门外走廊的距离，就会在每4间客房之间形成过厅。从而形成有趣的空间序列。客房门前过厅的照度要适当地提高。这样做的好处有两点: 首先是使客人可以清晰地看见房间门牌号，其次是旅客不会因为照度过低或有阴影而感到不安全（图7）。

6

7

6　酒店电梯厅空间
7　酒店客房过道

8 酒店客房

(5) 客房（图8）

开间、进深：我们调研了8家五星级酒店的标准间尺寸，都不超过4m×8m，甚至还有3.6m×7.5m的小尺寸。但是从感官方面觉得，作为五星级酒店4.2m×8m的尺寸是比较舒适的尺寸，也有利于地下车位的布置。

卫生间：五星级酒店的卫生间面积大多大于$6m^2$，通常同时设置浴缸和淋浴厢，此时浴缸的尺寸可以略小些。一定要选用静音马桶，宜设置两个洗面盆。卫生间应该是最能体现酒店设计人性化的地方，有条件的话不妨考虑以下几方面：1）马桶的位置最好设在隐蔽处，尤其不要对着门和洗面台。2）洗面台下如不设置储物柜的话可设置脚灯，以减少阴影。3）可增设有放大功能的化妆镜，镜旁配面光灯。4）可采用在厕所排气道顶部设室外机的办法来减少排气扇的工作噪声和增强排气效果。

配套设施：客房的配电设计要细致周到，方便使用。配电箱通常结合空调检修人孔设计在吊顶里。

衣橱的深度要大于0.6m，总宽度要大于1m。此外还

9　酒店餐厅

要有存放备品的地方。壁橱内应有良好的照明设计。

保险柜可设在衣橱或电视柜下面。

宽带网插座通常结合手机充电电源设置在化妆台抽屉里。

套间设计：套间常设在走廊的端部或建筑的转角处。在套间的起居室和卧室之间设一个带门的小过厅，这样可以在必要时把每间房分租出去。每间客房最好有独立的卫生间，以便单独出租时使用。

(6) 宴会厅

五星级酒店的大宴会厅通常都不小于40m×24m（可布置60个标准桌），净高通常都在6m以上。当不需要过大的空间时，可用活动隔墙将大空间分成几个小空间。但要注意这种做法不适用于过高的空间，同时要注意隔墙的隔声效果。

宴会厅要设前厅，由于站立的人所占用的面积是坐着的人的1/3左右，所以宴会厅前厅的理想面积是宴会厅面积的1/3，通常1/4也可以。

大型酒店宴会厅一般都有对外出租的功能，此时独立的宴会厅门厅显得尤为重要。门厅外面要配备能停大巴车的停车场，门前还要有回车场地（图9）。

(7) 康乐中心

五星级酒店的康乐中心应该包含健身、健美、更衣、桑拿及游泳等项目。通常这些项目可以设置一个共同的出入口。健身部分设计成开敞空间可以烘托运动主题。更衣和洗浴部分应同时对健身和游泳项目开放。

考虑到客人的安全和休闲的特性，游泳池一般采用戏水池的形式，水深1.2m左右。室内照度应能够结合室外自然光射入量和使用人数进行控制。深圳威尼斯酒店泳池侧壁的灯光可缓慢地变换颜色，起到活化休闲娱乐气氛的作用。

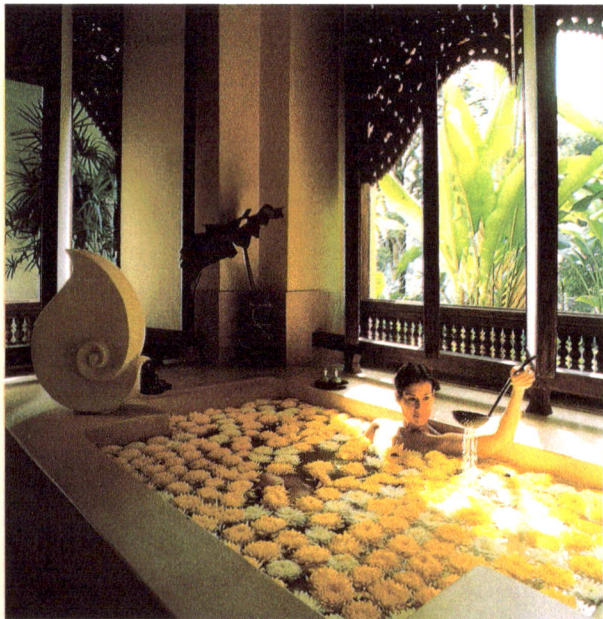

10 酒店spa

游泳池周边要有相当面积的休息空间，还要配置一定的绿化面积。北方地区冬季漫长，生机勃勃的绿色植物在寒冷的冬季里显得格外的生动（图10）。

人性化的设计始终要贯彻在酒店设计中。酒店的更衣室除了要考虑防滑、私密性等要求外还要考虑客人的年龄、身高等特点。如上海四季酒店的上层更衣柜设置了可以将挂衣架降下来的拉手，很方便身材矮小的旅客使用。

成功的酒店设计不只是满足其使用功能的需要和设计新颖，更重要的是具备不同的地域性和文化性。现今在国际主义的设计思潮的影响下，使诸多地域及不同的民族具有了同一张面孔，这是极其悲哀的，如同国内的许多设计师将现代主义、极少主义、高技术主义信奉为设计原则，这是一种极错误的趋势。世界之所以多姿多彩，正是由于不同的民族背景、不同的地域特征、不同的自然条件、不同历史时期所遗留的文化而造成世界的多样性。从这一点上讲，越具有地域性也就越具有世界性。而酒店的设计在功能上要满足使用，这是与国际必须接轨的，也是具有同国际相同的规范、相同的标准，以满足不同国度及不同民族的消费权和使用权，而酒店的精神取向及文化品位则要考虑地域性及文化性的区别。因此，必须高度重视地域文化特色在酒店设计中的重要价值，并加以充分利用，这也是酒店吸引客人和成功经营的重要因素。

三、家居空间设计

家居空间是人们居住和生活的场所，需从如下几个部分设计：

1. 门厅

门厅指居室入口的区域，它是家与自然之间的一个通道，是一个家庭内部和外部、个体和共体结合的场所，是给家人或客人的第一印象区，在现代家居的设计中很受青睐，因其在居室中的特殊位置，也通常被摆在装饰中的重中之重。门厅表现的是一个家的风貌，而不是单纯脱换鞋的空间场所。在心理上，门厅不仅有内外区域之分，而且要稳重、宽裕。空间特点：面积狭小，与主空间相连，交通暂留地。性质定位：心理缓冲，增加内厅私密性，概括室内风格，彰显主人个性，更换鞋帽（图11）。

11　家居门厅

2. 客厅

客厅是家人团聚、会客、娱乐、视听等活动的主要场所，是居住空间中使用活动最为集中、使用频率最高的室内空间。客厅的摆设、布置给人留下深刻的印象，最能体现房间主人的性格、品位和文化底蕴。因此，客厅的装饰在整套住房的装饰设计中至关重要，在居住空间室内造型风格、环境氛围方面起到主导的作用。

客厅作为家庭生活活动区域之一，具有多方面的功能，它既是全家的活动场所，又是接待客人、对外联系交往的社交活动空间。因此，客厅便成为住宅的中心空间和对外的一个窗口。客厅应该具有较大的面积和适宜的尺度，同时，要求有较为充足的采光和合理的照明。面积一般在20~30m²左右的相对独立的空间区域是较为理想的公寓房客厅，别墅客厅空间区域则更大（图12）。

12　家居客厅

13 家居餐厅

3. 餐厅

餐厅是一个家庭的就餐空间。餐厅使用率极高，在居室中是必不可少的，餐厅在使用方面要求洁净、方便、舒适。一般除布置必要的餐桌、餐椅外，还应设一个酒柜储藏酒具等。餐厅的位置应靠近厨房，与厨房相邻的餐厅可以做成酒吧式，用透明隔断或酒柜将餐厅和厨房隔开。由于不做全面隔断，在视觉上会感到空间较为宽敞。餐厅的设计变化多且形式自由，不拘一格，这主要是取决于对空间的要求和总体的设计风格，同时设计者也必须考虑到它的尺寸和配套家具。餐厅中家具的色彩及结构也对室内风格起着不可忽略的作用。每天晚餐时间，正是家人团聚的时刻，餐厅成为家庭每天感情交流的空间，真正在客厅的时间，不会比在餐厅多多少。宽敞、明亮、舒适的餐厅是一个家庭不可或缺的。

餐厅在居室设计中虽然不是重点，却是不可缺少的。餐厅的设计具有很大的灵活性，可以根据各自的爱好以及特定的居住环境确定不同的风格，创造出各种情调和气氛。餐厅设计要求简单、便捷、卫生、舒适。相比客厅，餐厅正逐渐被重视，在设计空间面积、装饰投入等方面，现在餐厅均应重于客厅（图13）。

14　家居卧室

4. 卧室

　　人的一生当中有三分之一的时间是在睡眠中度过的，睡眠是人们休养生息的主要方式，良好的睡眠是人们工作、学习、生活的主要源泉，也是身心健康的保证，在卧室里每个人都积极地去放松自己，可以不需要面对人生的风风雨雨、是是非非。为了获得较高的睡眠质量，卧室一定要保证空气流通，保证室内空气清新。卧室的布局上，宜趋于轻松、单纯，最好多使用手感温暖、易于清理的材料来装修。

　　现代的卧室风格追求的是宽敞、舒适，但是即使卧室面积不是很大，你也一样可以把它装扮得很可爱。经过了一天的劳累，身体需要得到完全的放松和休息，人们希望卧室带给他们的不仅仅是睡眠，还应具备安全感。在这一点上，小型卧室就绝对有不可替代的优势，一个完美的卧室带给主人的是那种就像睡在蚕茧内一样的舒适及安全感（图14）。

5. 书房

作为工作、阅读、学习的空间，又称家庭工作室，是作为阅读、书写以及业余学习、研究、工作的空间，特别是从事文教、科技、艺术的工作者必备的活动空间。它是为个人而设的私人天地，以实用和舒适为主题。它也是最能体现居住者习惯、个性、爱好、品位和专长的场所，而且还提供主人书写、阅读、创作、研究、书刊资料贮存以及兼有会客交流的功能条件。在其装修中必须考虑安静、采光充足、有利于集中注意力，为达到此效果，可以使用色彩、照明、饰物等不同方式来营造（图15）。

15　家居书房

6. 浴室

浴室通常是家中较小的空间，是家庭成员进行个人卫生工作的重要场所，是具有便溺和清洗双重功能的特定环境，实用性强、利用率高，应该合理、巧妙地利用每一寸面积。但无论是使用的频率和人次，还是给我们带来的舒适感，浴室都是家中最重要的地方之一，也是装修单位面积费用最贵的地方。所以，如何设计浴室的空间，值得我们多花些心思。卫生间在家庭居室中地位的提升与布置的讲究正是迎合了这种潮流的需要，美观实用、功能齐全的卫生间逐渐成为了居室新宠。卫生间已由最早的一套住宅配置一个卫生间——单卫，到现在的双卫（主卫、公卫）和多卫（主卫、客卫、公卫）（图16）。

16　家居卫浴

四、娱乐空间设计

娱乐空间是指夜总会、KTV等场所。夜总会是高级的娱乐场所，豪华高档的装饰和体贴入微的服务是其特色，而能否赋予"玩"更为丰富的内容，则是娱乐场所吸引顾客的亮点，也是设计师必须解决的一个重要问题。夜总会空间氛围、功能设计和别的空间环境设计不一样，"玩"的环境中，声、光、色、形都在动态之中，变化丰富，设计者不仅需要美学知识和技能，而且需要运用高科技手段，专业知识范围十分广泛。在信息时代，设计师还要把握相关的最新科技成果，用于娱乐环境创新设计，只有不断学习才能不断出奇出新。

1. 选址和规划

夜总会、KTV地点的选址至关重要，科学地选择经营地点是对今后的服务人群的基础保障，商业比较集中、经济比较发达、人员素质比较高、交通便利的地方应该说是理想的位置。

设计前应该对经营环境进行周到细致的划分，哪些地方作为大包房，哪些地方作为中包房，哪些地方作为小包房，哪些地方作为化妆室，哪些地方是洗手间等。空调口在房间的哪个位置，通风口在什么位置，房间的门如何开，沙发怎么摆放等都要规划好。

2. 大厅

宽敞豪华气派的接待大厅是"门脸"，是迎送客人的礼仪场所，也是夜总会、KTV中最重要的交通枢纽，其设计风格会给消费者留下极为深刻的印象。大厅应明亮宽敞，无论大门是朝哪个方向，其设计要对客人产生强烈的亲和力，让客人一进大厅就有一种舒适的感觉。室内装饰要选用耐脏、易清洁的饰面为材料，地面与墙面采用具有连续性的图案和花色，以加强空间立体感，同时，还要注意减少噪声的影响（图17）。

3. 包房

包房设计是根据房间大小、档次的高低、使用目的决定的，按照房间的大小通常分为：豪华型（总统型）、PARTY型（中包间或者套间）、普通型（小包间）。按照档次分为：高档次豪华包间、中档次PARTY包间、低档次经济型包间。按照使用的目的可分为：家庭影院兼容卡拉OK型豪华包间（房间内设有小型舞池和灯光）、餐饮娱乐型卡拉OK包间、主音箱加环绕和重低音音箱型、普通立体声型。

包房内装修方面，地面的材质一般选用地砖、木地板等，颜色以深色为宜，若需要铺设地毯，则以浅灰色系为宜，墙壁采用软包、墙纸或涂料，顶棚使用具有吸声效果较好的材质（图18）。

17　夜总会大厅
18　夜总会包房

17

18

19 夜总会吧台
20 夜总会走廊

19   20

4.吧台、收银台

吧台是供应酒水的地方，台面高度要适中，过高会有拒人于外的感觉，过低又有不安全感，适当的高度在1100～1200mm之间，或取1070mm、1080mm、1260mm。吧台设有电炉、咖啡壶、水龙头和冲洗槽之类，便于操作（图19）。

收银台是钱财进出之地，按风水上的说法，收银台应设在虎边（人站在室内向大门方向望去的右边就是虎边），也就是在不动方，才能守住钱财，不可以设置在流动性强的龙边，否则不利财运。

5.走廊

夜总会、KTV走廊太窄会让人有局促感，而宽敞的走道给人安静而温馨的感觉。精心设计的走廊，可以使过道的沉闷一扫而空，成为一道亮丽的风景线。如在走廊的地毯上另外铺设地毯，设计别致的图案样式，让步入者有新颖错落的感觉（图20）。

6. 化妆室

夜总会、KTV中化妆室的照明一定要明亮、色调也应该是宜人的，让人居于其中，有一种精神上的享受，并有愉快的心情。化妆室设计要达到这种目的：进化妆室时感到非常舒适、放松，出化妆室时精神焕发，得到另外一种享受。

7. 附属区域

夜总会、KTV的装饰效果要和本地区客人的文化素质相结合。在现代化的大城市，可以设计成豪华的多功能夜总会、KTV，房间内可以增加工艺品的摆放区域和自由娱乐区域，如自助式酒吧区、小型舞池区、情侣品茶区、小型舞台表演区等，这些设计区域是高消费人群的首选。附属区域的设计和施工在装饰和灯光上也特别讲究，文化内涵特别丰富，可设计为欧式、日式、中式或原始森林式、古堡式和奇幻式等（图21）。

21 夜总会附属区域

五、办公空间设计

从办公空间的特征与功能要求来看，办公空间设计应遵循如下几个基本要素：

1. 秩序

设计中的秩序是指形的反复、形的节奏、形的完整和形的简洁。办公室设计也正是运用这一基本理论来创造一种安静、平和与整洁环境。秩序感是办公室设计的一个基本要素。

要达到办公室设计中秩序的目的，所涉及的面也很广，如家具样式与色彩的统一；平面布置的规整性；隔断高低尺寸与色彩材料的统一；顶棚的平整性与墙面不带花哨的装饰；合理的室内色调及人流的导向等。这些

都与秩序密切相关，可以说秩序在办公室设计中起着最为关键性的作用（图22）。

2. 明快

让办公室给人一种明快感也是设计的基本要求，办公环境明快是指办公环境的色调干净明亮、灯光布置合理、有充足的光线等，这也是办公室的功能要求所决定的。在装饰中明快的色调可给人一种愉快的心情，给人一种洁净之感，同时，明快的色调也可在白天增加室内的采光度。

目前，有许多设计师将明度较高的绿色引入办公室，这类设计往往给人一种良好的视觉效果，从而创造一种春意，这也是一种明快感在室内的创意手段（图23）。

22　开放式办公室（1）
23　办公室接待区

22

23

24

25

24　会议室
25　经理办公室

3.现代感

目前，在许多企业的办公室，为了便于思想交流，加强民主管理，往往采用共享空间开敞式设计，这种设计已成为现代新型办公室的特征，它形成了现代办公室新空间的概念。

现代办公室设计还注重办公环境的研究，将自然环境引入室内，绿化室内外的环境，给办公环境带来一派生机，这也是现代办公室的另一特征。

现代人机学的出现，使办公设备在适合人机学的要求下日益增多与完善，办公的科学化、自动化给人类工作带来了极大的方便。我们在设计中充分地利用人机学的知识，按特定的功能与尺寸要求来进行设计，这些是设计的基本要素（图24）。

4.舒适

办公室设计应尽量利用简洁的建筑手法，避免采用过去的造型，繁琐的细部装饰，过多过浓的色彩点缀。在规划灯光、空调和选择办公家具时，应充分考虑其适用性和舒适性（图25）。

5.环保

作为环境设计者的室内设计师，应在办公空间设计中融入环保观念，选用环保的材料，创造人与办公空间和谐的环境（图26）。

办公空间布局设计可按如下四种进行：

(1) 蜂巢型

蜂巢型属于典型的开放式办公空间，配置一律制式化，个性极低，适合例行性工作，彼此互动较少，工作人员的自主性也较低，如电话行销、资料输入和一般行政作业。

(2) 密室型

密室型是密闭式工作空间的典型，工作属性为高度自主，而且不需要和同事进行太多互动，例如大部分的会计师、律师等专业人士。

(3) 鸡窝型

一群团队在开放式空间共同工作，互动性高，但不见得属于高度自主性工作，例如设计师、保险处理和一些媒体工作。

(4) 俱乐部型

这类办公室适合必须独立工作、但也需要和同事频繁互动的工作。同事间是以共用办公桌的方式分享空间，没有一致的上下班时间，办公地点可能在顾客的办

26 开放式办公室（2）

公室、可能在家里，也可能在出差的地点。广告公司、媒体、资讯公司和一部分的管理顾问公司都已经使用这种办公方式。俱乐部型的办公室空间设计最引人注目，部分原因是这类办公室促使充满创意的建筑因此诞生，但是设计师领先时代的创意在考验上班族的适应度。这类办公室没有单独的办公室，各部分都以目标用途进行设计，例如有沙发的起居间、咖啡屋等。

六、其他空间设计

1. 茶楼、咖啡厅的空间设计

茶楼、咖啡厅空间的大小要适宜，过大显得空荡、冷落、寂寞，过小则不利于空气对流，室内空气浑浊，也容易感觉沉闷。室内空间中墙壁的颜色应该在顶棚和地板之间，这样才能达到和谐，造就好的环境。

(1) 空间的布局

空间内部的布局基本要求是：敞亮、整洁、美观、和谐、舒适，满足人的生理和心理需求，有利于人的身心健康。主要采用"围"、"隔"、"挡"的组合变化，灵活多样地区划空间，造就好的风水。

所谓"围"，就是利用帷幄、家具等，在大的空间中围出另外的小空间，或者用象征的手法，在听觉、视觉方面形成独立的空间，使人在感觉上别有洞天，而实际上还是融合在大空间里。

所谓"隔"，就是用柜、台、屏风、绿化等手段，在大空间中划出不同功能的活动区域。

所谓"挡"，就是用家具、胶木、折页门帘等，分隔出功能特点差异较大的活动区，但整体空间依然畅通。

(2) 空间的净高

内观设计在茶楼、咖啡室设计中也是十分重要的，其设计的好坏，直接影响到其形象和经营状况。从人的心理需求来看，净高6m使人感到过于空旷；净高2.5m以下则使人感到压抑和沉闷；净高3m左右则使人感到亲切、平易、适宜,这样的高度给人的感觉较好。应根据具体的层高设计出不同风格的娱乐空间，发挥空间能量的最大作用。

从科学的角度来考虑，在不同净高的空间，二氧化碳浓度也不同，净高2.4m，空气中的二氧化碳浓度大于0.1%，不符合室内空气中二氧化碳浓度的卫生标准；净高2.8m，空气中的二氧化碳浓度小于0.1%，符合卫生标准。

(3) 顶棚和墙面

使用的材料有胶合板、石膏板、石棉板、玻璃绒以及贴面装饰，除了考虑经济和加工两个方面外，还要考虑光线、材料质地及风水等要素，使其与空间色彩、照明等相配合，形成优美的休闲空间。

(4) 地面

可采用木地板或休闲砖，其特点是温馨自然、触感柔和、有弹性，使空间平添清新活力，能让人充分享受放松、随意的休闲乐趣。地面在图形设计上有刚、柔两种选择，以正方形、矩形、多角形等直线条组合为特征的图案，带有阳刚之气，以圆形、椭圆形、扇形和几何曲线组合为特征的图案，则带有阴柔之气。

地毯是布置地面的重要装饰品,选择一块地毯,其重要性有如屋前的一块青草地,亦如宅前可以纳气明堂,不可或缺。最好选择色彩缤纷的地毯,色彩太暗淡单调会使空间黯然失色。地毯上的图案千变万化,但是务必记住选取寓意吉祥的图案,那些构图和谐、色彩鲜艳明快的地毯,显得喜气洋洋,令人赏心悦目,这样的地毯便是佳选。

2. 展示设计

通过展示设计创造展示的环境、气氛,使商品陈列具有视觉冲击力、听觉感染力、触觉激活力、味觉和嗅觉刺激感,以便促销和吸引顾客注意力,提高对展品的记忆。展示空间生动化比大众媒体广告更直接、更富有感受力、更容易刺激购买行为和消费行为。在社会经济生活中,商业展示活动也逐渐受到大家的关注,如服装展示、汽车展示等,动态展示使展示生动化,使展示空间具有一种活力。展示设计从以下方面入手:

(1) 人物的流动

根据现在展厅的布局来说,顾客通道设计的科学与否直接影响顾客的合理流动,一般来说,通道设计有以下几种形式:

1) 折线式:是指所有的展台设备在摆布时互成直角,构成曲径通道。

2) 斜线式:这种通道的优点在于它能使顾客随意浏览,气氛活跃,易使顾客看到更多的展品,增加更多的购买机会。

3) 自由滚动式:这种布局是根据展品和设备特点而

形成的各种不同组合,或独立、或聚合,没有固定或专设的布局形式,销售形式也不固定。如利用过道等空间设立立体广告物,外派形象小姐或人装扮的可爱动物与顾客沟通,在顾客流通的地方,比如电梯和走廊,设置动态的POP广告,将广告造型借用马达等机械设备或自然风力进行动态的展示。

(2) 展品的流动

有效利用展品本身的物理、化学等特性,进行运动,在运动中展示自身的特色,如汽车展示,突破静态放置,将汽车放置在公路上,举办车队竞赛、游行等。一国际品牌轿车进入中国市场时就举办"一升油城市拉力赛",用一升油在不同城市、不同地段比试最远行程,吸引了各地消费者和试驾司机的关注,将汽车可以行驶的特性发挥出来。

运用一些特殊的动态展架,使商品放在上面可以有规律地运动、旋转,还可以巧妙地运用灯光照明的变换使静止物体产生动态化的效果,巧妙变化和闪烁或辅以动态结构的字体,能产生动态的感觉。此外也可在无流动特性的展品中增加流动特征。

(3) 展具的流动

通过自动装置使展品呈现运动状态,常见的运动展具有:

1) 旋转台:台座装有电动机,大的旋转台可以放置汽车,小的可以放置饰品珠宝、手机、电脑等,其好处在于观众可以全方位地观看展品,无论观众处于何位置,观看机会都是均等的,这样可以提高展具的利用率和充分发挥其使用价值。

2) 旋转架：旋转架主要是在纵面上转动的，其好处在于可以充分利用高层空间。

3) 电动模型：人形、动物、机器和交通工具均可做成电动模型，使之按照展示的需要而运动，如穿越山洞的火车、跨越大桥的汽车、发射升空的火箭、林中吼叫的鸟兽等，以小见大，营造活跃的气氛，提高观者的观感和乐趣。

4) 机器人：通过机器人的转动、行走、说话，发出音乐与观众进行交流，或为观众做些简单的服务等程序的设定，使展示更为生动和富有趣味性。

5) 半景画和全景画：制造真实的空间感和事发状态，其做法是在实物后面绘制立体感强的画面或者利用高科技大屏幕投影等手段装上一个假远景，造成强烈的空间层次感，使原来平淡的东西变得真实起来，如再配上电动模型、灯光和音响，就会产生舞台效果，使观众感觉身临其境。

(4) 空间流动

主要分为两类：一是虚拟的空间流动，通过高新科技影像等手段形成一种空间上的变化，使空间成为一种流动的空间，使人感觉在里面穿梭，仿佛就在空间中漫游；二是现实的空间流动，比如整个展厅的旋转、广告宣传车的四处宣传，这些都使展品与观众更接近，更好地为产品做了宣传。

现代商业空间的展示手法各种各样，展示形式也不定向，它有别于陈旧的静态展示，采用活动式、操作式、互动式等，是一个完整的人性化空间。在造型设计上尽量做到有特色，在色彩、照明、装饰手法上力求别出心裁，在布置方式上将展示陈列生活化、人性化、现场化，在参观方式上提倡观众动手操作体验，积极参加活动、形成互动，使人感觉不是在看商品展出，而是作为一种享受，调动参观者的积极参与意识，使展示活动更丰富多彩，取得好的效果。

第六章
室内空间设计案例分析

一、酒店设计案例分析

滨海大酒店

1. 设计说明

总体风格为"岛派风格"，倡导"地域文化主义"，充分吸收传统文化精髓，挖掘本土地域特色文化，用国际化的手法同地域特色文化结合，潜心创作，让酒店独具地域文化特色，并完美的融入室内设计之中。在功能设计上充分满足旅游、商务、餐饮、会议、休闲等经营需求。所谓"岛派风格"，就是把岛屿独特的民族文化、亚热带风光、动植物景观、气温特点、色彩搭配等设计元素有机结合起来，取其精华并加以提升，创造出的一种具有鲜明地域特色的艺术及设计模式，展现热带岛屿独特的滨海文化魅力。

整个装修设计采用现代简约手法，与建筑外观风格协调一致，同时考虑行业特点和企业文化的贯穿，创造"人与环境和谐相处"的酒店空间，方案设计范围包括综合大堂、中餐厅、西餐厅、酒吧、多功能厅、包厢、客房等部分。主要区域的设计理念如下：

1　岛派休闲风格　大堂（1）

2. 大堂

　　浅色为主的色调营造出一种休闲而典雅的气质，将一楼与二楼原楼板打开，空间连通，顶棚采用面与线的造型对比处理手法，使整个空间增添变化和协调；地面采用浅色休闲石材，地花艺术造型，引导视觉；墙面采用石材，凹线横向分割装饰；大厅形象墙面采用热带风情壁画造型，营造出休闲、大气的空间效果；柱采用方柱造型，柱体采用浅色休闲石材，在视觉上达到扩伸空间和层高的效果。

　　大堂楼梯水景和窗外景观设计采用自然生态的理念，绿化、小景、园林造型与休闲相得益彰，给人充分的放松和亲和，营造出人与环境的和谐空间。

2

2　岛派休闲风格　大堂　（2）
3　岛派休闲风格　大堂吧　（3）

3

4　岛派休闲风格　总台
5　岛派休闲风格　酒店设施展示区

4

5

6 岛派休闲风格 电梯厅

3. 中餐厅

顶棚采用多级造型，面与线的对比形式，使整体空间生动、流畅。灯具、木质吊扇与顶棚配合得恰到好处，营造出一种大气的空间氛围。墙面则采用横向线条，弱化柱的造型，利用光影变化与整个形体融为一体。整体简约的格调，每一个细节精致到位，在强化形体外，丰富了整个空间形象。

7

7　岛派休闲风格　中餐厅
8　酒吧

4. 西餐厅

顶棚部分采用造型顶棚结构，现代简约的造型，利用光影变化与整个形体融为一体；结构柱立面采用浅色石材。

5. 多功能厅

充分满足会议功能的需求和与人体功能学的结合，顶棚造型，面与线对比的处理手法，使整个空间增添变化和协调；墙面采用装饰板面造型，凹线横向分割装饰；设计为简约风格，整体家具搭配都体现现代简约的精神。

8

9

9　西餐厅
10　餐厅一侧
11　多功能厅

　　随着人们生活水准和文化素质的提高，客人对酒店的要求越来越高，原来那种仅为客人提供便捷舒适的传统服务内容已远远不能满足社会的需求，客人在酒店消费中越来越看重有情调的精神享受。因此，必须高度重视地域文化特色在酒店设计中的重要价值，并加以充分利用，这也是酒店吸引游客和成功经营的重要因素。

10

11

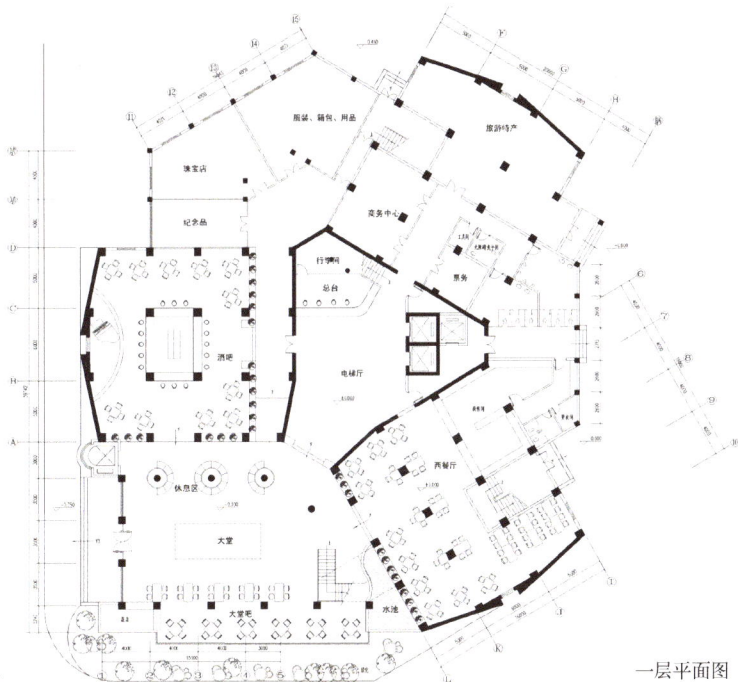

一层平面图

12

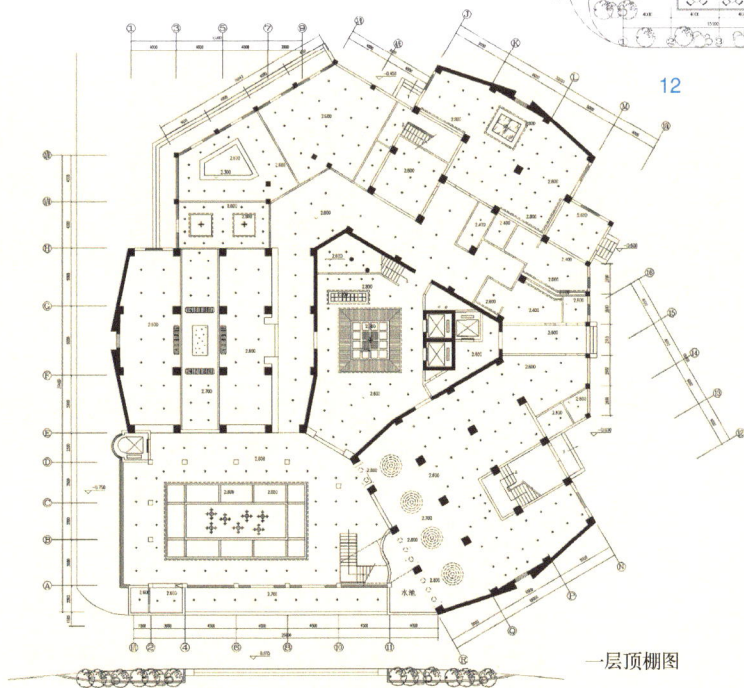

一层顶棚图

12 一层平面图
13 一层顶棚图

13

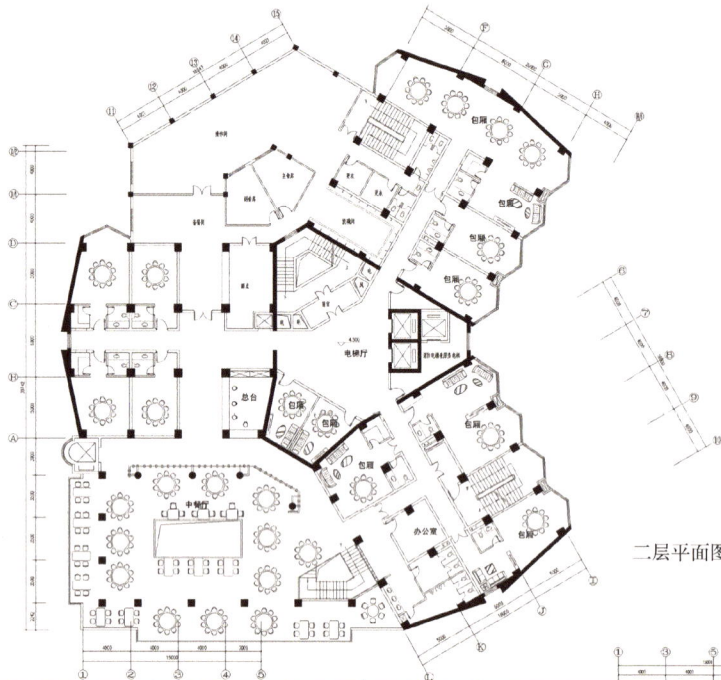

二层平面图

14　二层平面图
15　二层顶棚图

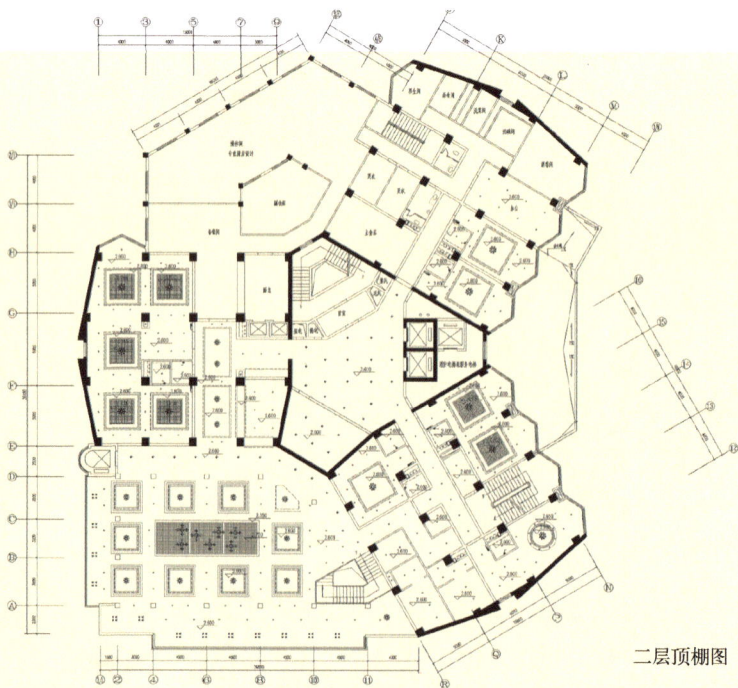

二层顶棚图

14

15

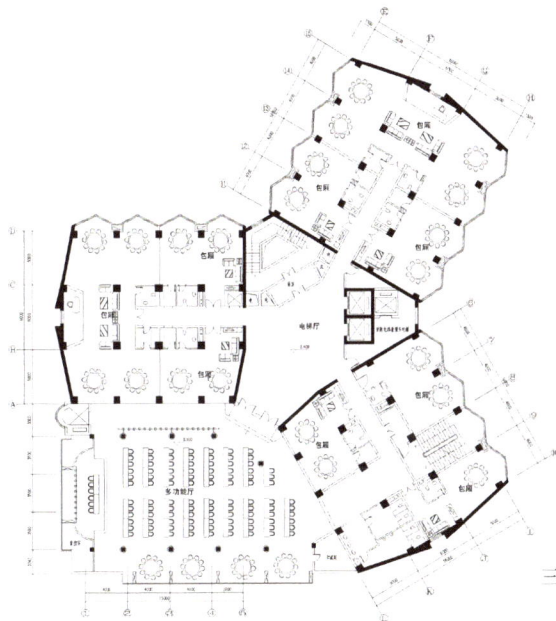

三层平面图

16

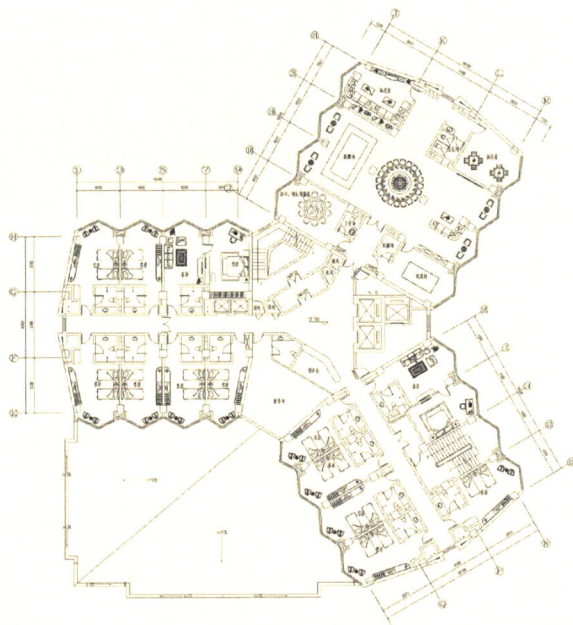

17

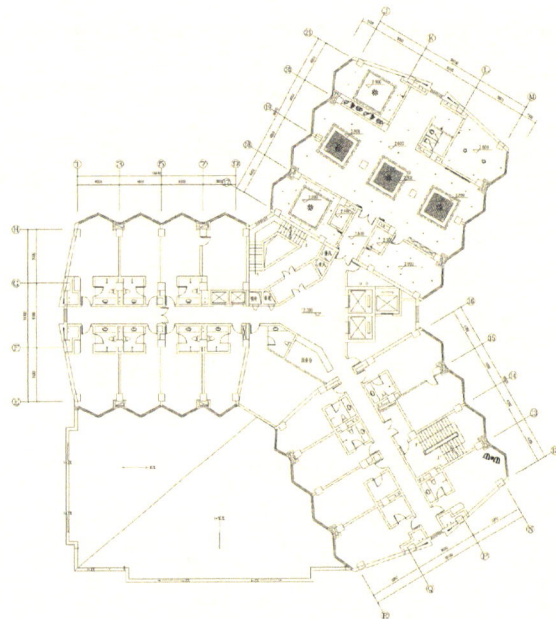

18

二、办公设计案例分析

广西钦州保税港——中国石油办公楼

1. 设计说明

整个综合办公楼装修设计采用现代简约风格的手法，与建筑外观风格协调一致，同时考虑行业特点和企业文化的贯穿，注重当地地域特色和环境，创造"人与环境和谐相处"的现代办公空间，整体风格既有阳刚之气亦有柔美之风，充分展现出建筑空间雄伟的气势。方案设计范围包括综合办公楼、厂区职工食堂、档案资料楼三大部分。主要区域的设计理念如下：

2. 大堂

浅色为主的色调营造出一种尊贵而典雅的气质，天花采用面与线的造型对比处理手法，使整个空间增添变化和协调；地面采用浅色石材，地花纵向造型，引导视觉；墙面采用石材和墙砖，凹线横向分割装饰；大厅形象墙面采用浅色石材造型，营造出稳重、大气的空间效果；柱采用圆柱造型，基座为深色石材，柱体采用浅色石材，柱顶端采用不锈钢镜面材料，在视觉上达到扩伸空间和层高的效果。同时隐喻一根根挺立的石油管道，正是它的有序组合，才形成一种挺拔向上的石油企业精神，使整个空间看上去具有一飞冲天的气势，刚劲有力。

19 大堂

3. 庭院

中庭庭院考虑自然采光与人工照明结合的整体原则，顶棚部分采用玻璃顶棚结构，现代简约的造型，利用光影变化与整个形体融为一体；结构柱立面采用浅色石材，栏杆采用不锈钢和玻璃，十多米的挑高造就了一种恢宏，一种大家之气。景观设计采用自然生态的理念，绿化、雕塑小景、园林造型与休闲小径相得益彰，给人充分的放松和亲和，营造出人与环境的和谐空间。

20　庭院
21　电梯间

20

21

22

23

24

22　接待室
23　大会议室
24　电话会议室

4. 大会议室

　　充分满足会议功能的需求和人体工学的结合，顶棚采用椭圆造型，面与线对比的处理手法，使整个空间增添变化和协调；墙面采用装饰板面造型，凹线横向分割装饰；设计为简约风格，整体家居搭配都体现现代简约的精神。

25　报告厅

5.国际报告厅

顶棚采用多级造型，面与线的对比形式，使整体空间生动、流畅。灯具、灯带与顶棚配合得恰到好处，营造出一种大气的空间氛围。墙面则采用横向线条，弱化柱的造型，利用光影变化与整个形体融为一体。整体简约的格调，每一个细节精致到位，在强化形体外，丰富了整个空间形象。

26

27

28

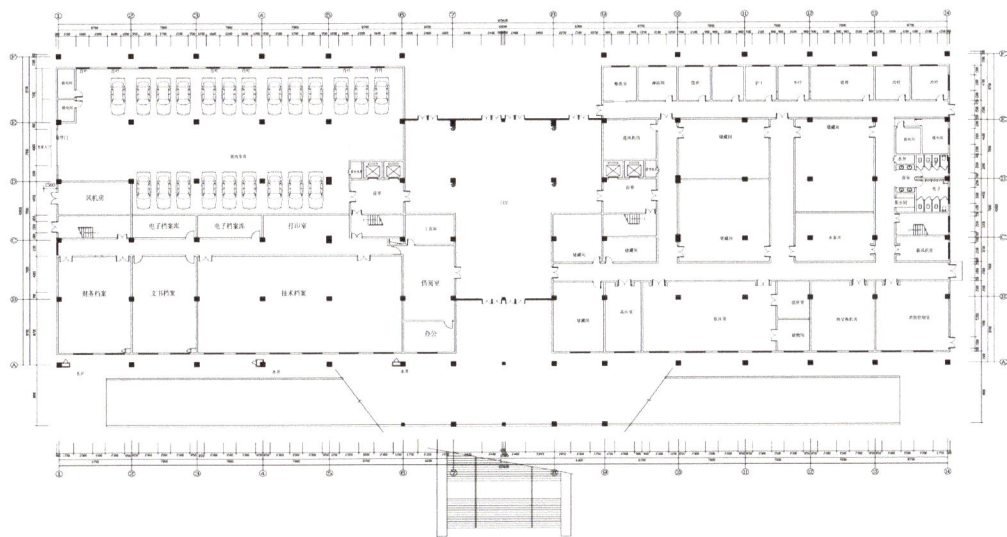

29

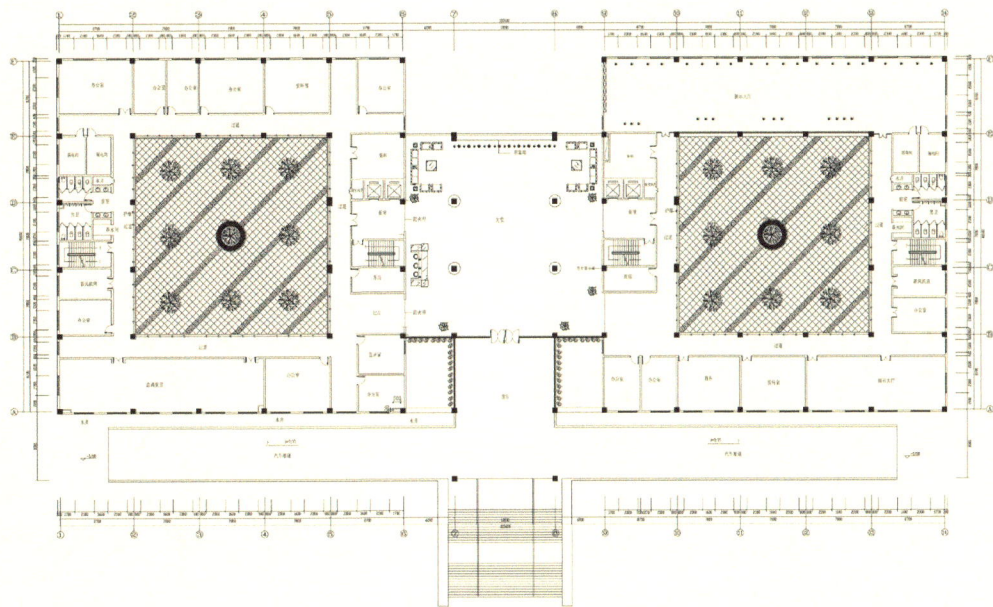

29　一层平面布置图
30　二层平面布置图

30

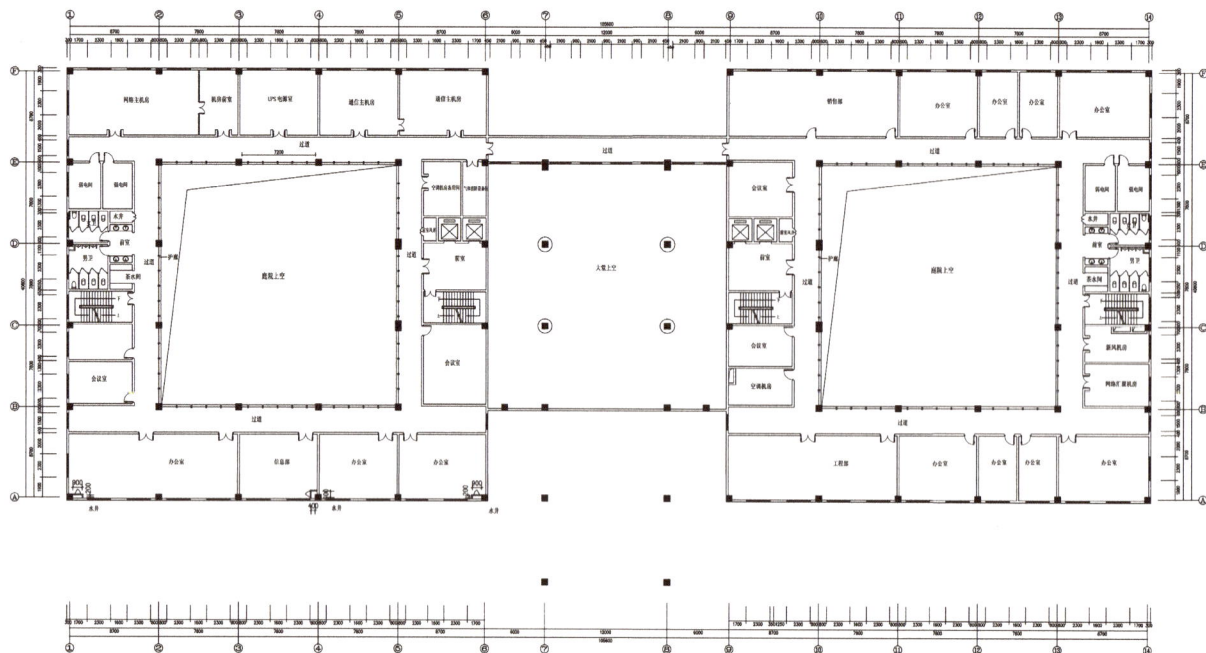

31

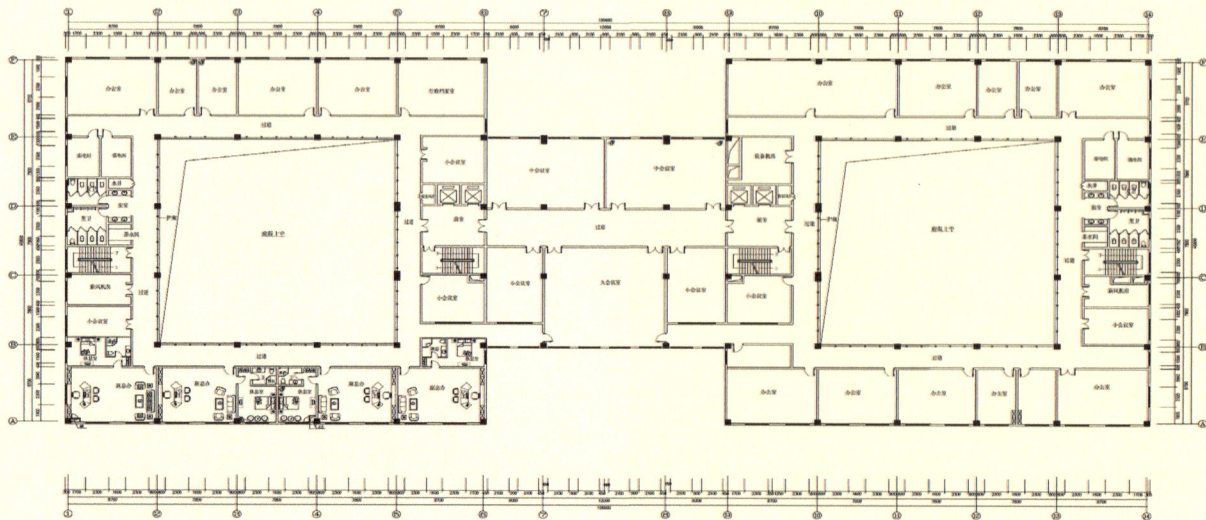

32

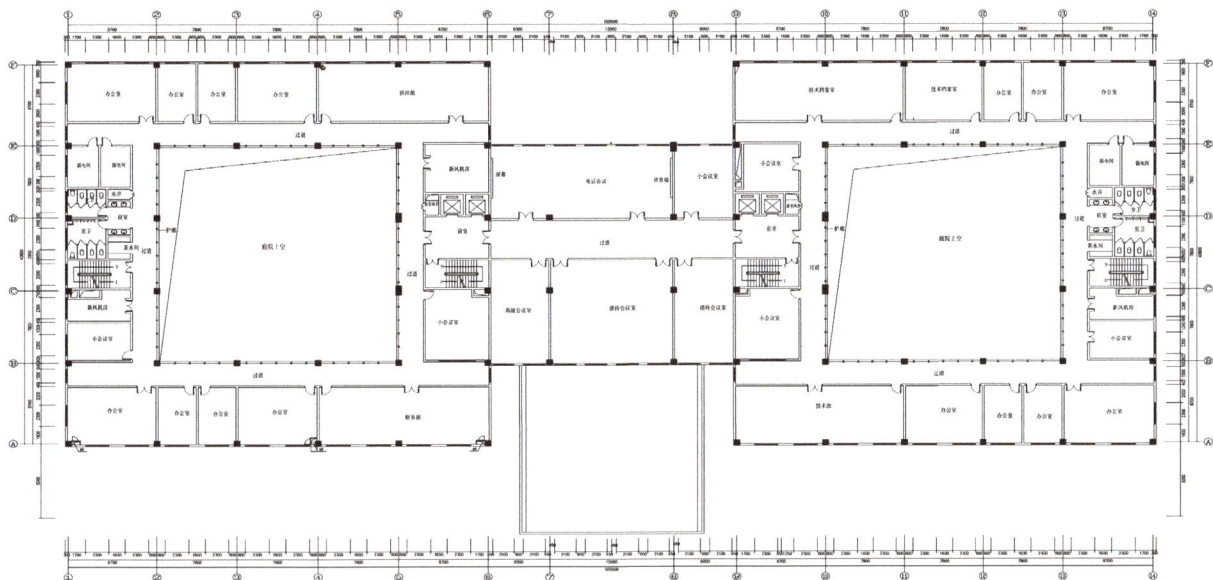

33

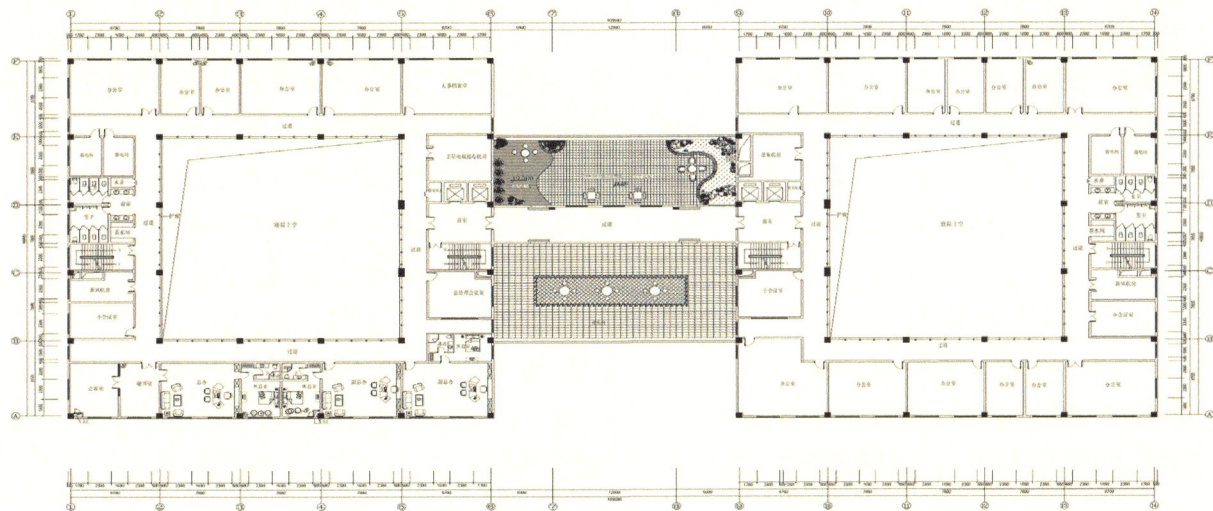

34

35

36

35　香水湾酒店过厅（1）
36　香水湾酒店餐厅特色顶棚（1）

三、会所设计案例分析

金中海会所设计说明

金中海会所位于海南省三亚市三亚湾核心地段，与绵延18公里的海岸线近在咫尺，交通便利，周边配套齐全，依山傍海，风景秀丽。项目总建筑面积达10.8万m²，定位于以度假、休闲、养生为一体的世界级滨海社区，规划有高层海景公寓和少量珍稀海景别墅两类产品。

会所拥有4000m²的超大面积，设施先进，功能完备。智能家居控制系统、食物垃圾处理系统、净水、新风系统等高端智能化系统的应用与五星级贴心管家式服务，更让项目的品位鹤立鸡群，出类拔萃，引领时尚度假产品的潮流。

三亚拥有世界第二的空气质量，全球最适宜居住的自然环境，因此会所设计力求与自然环境和谐一致，摆脱传统建筑对外遮蔽，充分享受自然的恩赐。

会所外墙设计采用开放式，用菠萝格原木推拉门形式新颖，地面采用高级石材，通过各种材料的运用和空间设计，达到内外互融，空气充分对流，创造出与大自然浑然交融的室内空间。

37

38

39

37　香水湾酒店餐厅特色顶棚（2）

38　香水湾酒店过厅（2）

39　香水湾酒店餐厅特色顶棚（3）

四、别墅设计案例分析

别墅设计说明

设计风格采用新古典主义的设计风格。材质上使用了传统木制材质，以金粉描绘各个细节、色彩上运用了艳丽的大致风格，可以很强烈地感受传统痕迹与浑厚的文化底蕴，同时又摒弃了过于复杂的肌理和装饰，简化了线条。运用了简化的水晶灯具，即将古典的繁复灯饰经过简化，这样就不会让这个房间内过于繁琐而导致臃肿乏味。

在色彩的运用上，华丽的金色使空间明亮。在满足生活实用的功能基础上，寄托着落落大方，高亢嘹亮的金色基调唱响了沙比利木质的热情。尤其是那些贵金属色调的线条，纹理，脉络，仿佛是金色圆号的华彩乐章时时吹响。

40 别墅（1）

41 别墅（2）

42 别墅（3）

43 别墅（4）

44 别墅（5）

45 别墅（6）

　　新古典主义风格的豪华典雅，彰显着业主尊贵的社会地位及生活品位。金粉饰家，富丽堂皇是成功者的人生奖赏；作为一个室内设计师，我们不是替业主挥霍，去张扬，而是心怀希望于生活，心存幻想去实现，富贵中有了高低轻重的拿捏，华丽里有了自珍自爱的边界，天地人，恩情义，理智信，和谐静穆，本色自然。

46 别墅（7）

第七章
室内空间设计作品欣赏

室内设计是一门综合性学科，内容广泛，专业面广。室内设计师必须了解社会、了解时代，优秀的设计作品源于好的设计理念，欣赏室内空间设计作品应从以下几点着手：

一、设计内容

1.空间形象设计

就是对建筑所提供的内部空间进行处理，对建筑所界定的内部空间进行二次处理，并以现有空间尺度为基础重新进行划定。在不违反基本原则和人体工学原则之下，重新阐释尺度和比例关系，并更好地对改造后空间的统一、对比和面线体的衔接问题予以解决。

2.室内装修设计

主要是对建筑内部空间的六大界面，按照一定的设计要求，进行二次处理，也就是对通常所说的顶棚、墙面、地面的处理，以及分割空间的实体、半实体等内部界面的处理。在条件允许的情况下也可以对建筑界面本身进行处理。

3.室内物理环境设计

这部分内容主要是对室内空间环境的质量以及调节的设计，主要是室内体感气候：供暖、通风、温度调节等方面的设计处理，是现代设计中极为重要的方面，也是体现设计的"以人为本"思想的组成部分。随着时代发展，人工环境人性化的设计和营造就成为衡量室内环境质量的标准。

4.室内陈设艺术设计

主要是对室内家具、设备、装饰织物、陈设艺术品、照明灯具、绿化等方面的设计处理。

二、设计程序

这其中包括两个方面，即室内设计的图面作业程序和室内设计的项目施工程序。从整体来看，室内设计的最终结果是包括了时间要素在内的四维空间实体，而它是在二维平面作图的过程中完成的。在二维平面作图中完成具有四维要素的空间表现，显然是一个非常困难的任务。所以调动起所有可能的视觉传递工具，就成为室内设计图面作业的必需。设计教育中对于空间表现就成为设计教育的大部分内容。

1. 图面作业阶段

在这个阶段采用的表现方式主要包括：徒手画（速写、拷贝描图），正投影图（平面图、立面图、剖面图、细部节点详图），透视图（一点透视、两点透视、三点透视），轴测图。徒手画主要用于平面功能布局和空间形象构思的草图作业；正投影制图主要用于方案与施工图作业；透视图则是室内空间视觉形象设计方案的最佳表现形式。对表现图的表现方式现在多采用徒手绘制和计算机制作两种方式，但他们都是为了说明空间和表达设计意图的载体。

2. 室内设计的项目实施程序

这一程序是由以下几个步骤组成：设计任务书的制定、项目设计内容的社会调研、项目概念设计与专业协调、确定方案与施工图设计、材料选择与施工监理。

三、设计步骤

室内设计根据设计的进程，通常可以分为四个阶段，即设计准备阶段、方案设计阶段、施工图设计阶段和设计实施阶段。

1. 设计准备阶段

设计准备阶段主要是接受委托任务书，签订合同，或者根据标书要求参加投标；明确设计期限并制定设计计划进度安排，考虑各有关工种的配合与协调；明确设计任务和要求，如室内设计任务的使用性质、功能特点、设计规模、等级标准、总造价，根据任务的使用性质所需创造的室内环境氛围、文化内涵或艺术风格等熟悉设计有关的规范和定额标准，收集分析必要的资料和信息，包括对现场的调查踏勘以及对同类型实例的参观等。

2. 方案设计阶段

方案设计阶段是在设计准备阶段的基础上，进一步收集、分析、运用与设计任务有关的资料与信息，创作构思立意，进行初步方案设计，深入设计，进行方案的分析与比较。

确定初步设计方案，提供设计文件。室内初步方案的文件通常包括：

(1) 平面图，常用比例1：50，1：100；

(2) 室内立面展开图，常用比例1：20，1：50；

(3) 平顶图或仰视图，常用比例1：50，1：100；

(4) 室内透视图；

(5) 室内装饰材料实样；

(6) 设计意图说明和造价概算。

初步设计方案需经审定后，方可进行施工图设计。

3. 施工图设计阶段

施工图设计阶段需要补充施工所必要的有关平面布置、室内立面和平顶等图纸，还需包括构造节点详图、细部大样图以及设备管线图，编制施工说明和造价预算。

4. 设计实施阶段

设计实施阶段也即是工程的施工阶段。室内工程在施工前，设计人员应向施工单位进行设计意图说明及图纸的技术交底；工程施工期间需按图纸要求核对施工实况，有时还需根据现场实况提出对图纸的局部修改或补充；施工结束时，会同质检部门和建设单位进行工程验收。

为了使设计取得预期效果，室内设计人员必须抓好设计各阶段的环节，充分重视设计、施工、材料、设备等各个方面，并熟悉、重视与该建筑物的建筑设计、设施设计的衔接，同时还须协调好与建设单位和施工单位之间的相互关系，在设计意图和构思方面取得沟通与共识，以期取得理想的设计工程成果。

四、设计作品欣赏

现代室内空间的设计呈现千姿百态、眼花缭乱的态势。回顾过去、展望未来，更重要的是面对现实。当今的社会经济和环境使人们日益感到现代审美价值观念难以适应资源日益枯竭的高科技社会，新技术和新问题促使设计师努力探索用来表达时代需求和解决问题的新方法和新形式。各种设计风格、流派、样式形成了多元化的局面，并提供了自由竞争的可能性和良好的环境。以下是一些精彩的室内空间设计作品，将给我们带来空间视觉享受和启发，如图1～图172所示。

1. 五星级酒店空间设计（图1～图100）

1　喜来登酒店（1）

2

3

4

2　喜来登酒店（2）
3　喜来登酒店（3）
4　喜来登酒店（4）

5

5 喜来登酒店（5）
6 喜来登酒店（6）

6

7

7　喜来登酒店（7）
8　喜来登酒店（8）

8

9　喜来登酒店（9）
10　喜来登酒店（10）
11　喜来登酒店（11）

9

10

11

12

13

12 喜来登酒店（12）
13 喜来登酒店（13）
14 喜来登酒店（14）

14

15

16

17

室内空间设计

18

18　喜来登酒店（18）
19　喜来登酒店（19）

19

20

21

20　喜来登酒店（20）
21　喜来登酒店（21）

22

23

22　喜来登酒店（22）
23　喜来登酒店（23）
24　皇冠酒店（1）

24

室内空间设计

27

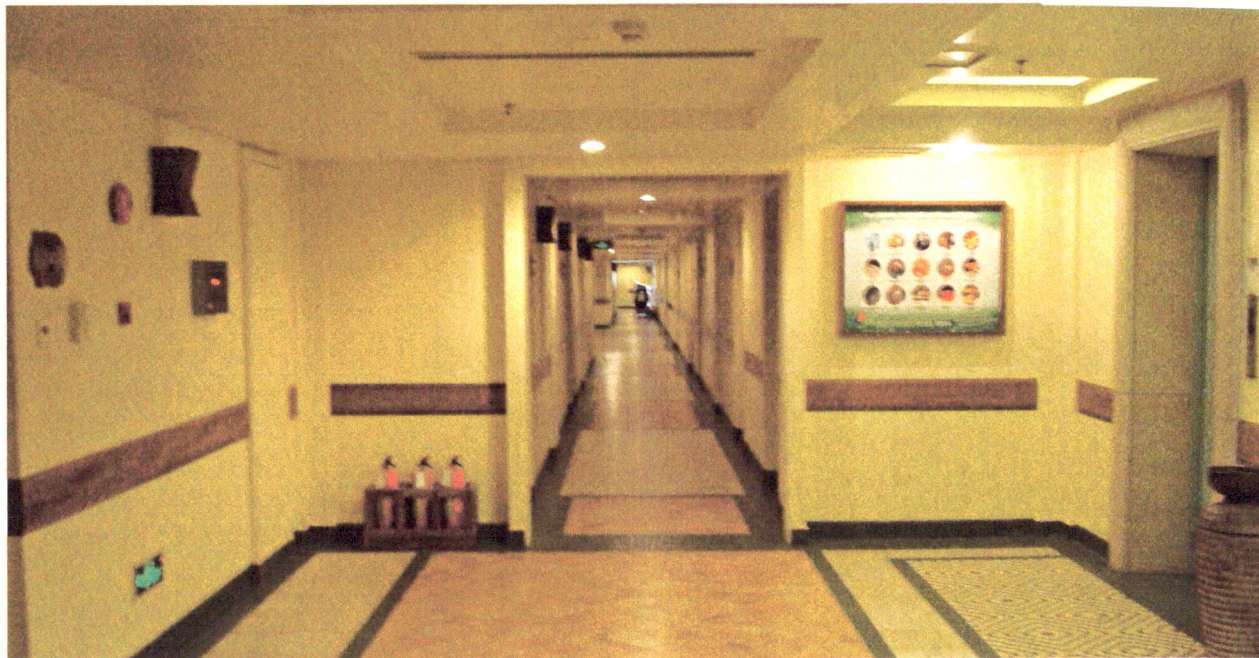

28

29

30

31

29 皇冠酒店（6）
30 皇冠酒店（7）
31 皇冠酒店（8）

32　凯宾斯基酒店（1）
33　凯宾斯基酒店（2）

32

33

34

35

36

37

室内空间设计

38

39

40

41

42

38 凯宾斯基酒店（7）
39 凯宾斯基酒店（8）
40 凯宾斯基酒店（9）
41 凯宾斯基酒店（10）
42 凯宾斯基酒店（11）

43 凯宾斯基酒店（12）
44 凯宾斯基酒店（13）

43

44

45

46

47

45　凯宾斯基酒店（14）
46　凯宾斯基酒店（15）
47　红树林酒店（1）

48

49

50

51

52

51　红树林酒店（5）
52　红树林酒店（6）
53　红树林酒店（7）

53

54　红树林酒店（8）
55　铂尔曼酒店（1）

55

56

56　铂尔曼酒店（2）
57　铂尔曼酒店（3）

57

58

59

60　铂尔曼酒店（6）
61　铂尔曼酒店（7）

60

61

室内空间设计

63

64

65

66 假日酒店（4）
67 假日酒店（5）
68 假日酒店（6）

66

67

68

69

70

71

室内空间设计

72

75

74

76

77

78

79

79　丽思卡尔顿酒店（8）
80　丽思卡尔顿酒店（9）

80

81

82

83

室内空间设计

85

84

86

87

87　宝宏酒店（7）
88　宝宏酒店（8）
89　宝宏酒店（9）

88

89

90

90　宝宏酒店（10）
91　宝宏酒店（11）
92　宝宏酒店（12）

91

92

94

93　宝宏酒店（13）
94　胜意酒店（1）
95　胜意酒店（2）

93

95

96

97

98

99

99　胜意酒店（6）
100　胜意酒店（7）

100

2. 西餐厅空间设计（图101～图 106）

101

102

101 西餐厅空间设计（1）
102 西餐厅空间设计（2）

103

104

105

103　西餐厅空间设计（3）
104　西餐厅空间设计（4）
105　西餐厅空间设计（5）

106　西餐厅空间设计（6）

3. 夜总会空间设计（图107~图111）

107

108

109

110

111

室
内
空
间
设
计

4. 办公空间设计（图112～图121）

112

113

114

115

116

117

115　办公空间设计（4）
116　办公空间设计（5）
117　办公空间设计（6）

118

119

120

121

5. 商场空间设计（图122～图141）

122

123   124

125　商场空间设计（4）
126　商场空间设计（5）
127　商场空间设计（6）

室
内 空
间
设
计

128

129

131

132

133

室内 空 间 设计

134

135

136

室
内
空
间
设
计

139

140

141

6.家居空间设计（图142～图171）

142

143

144

145

146

147

148

149

室内 空 间 设计

150

151

150　家居空间设计（9）
151　家居空间设计（10）

152

154

155

156

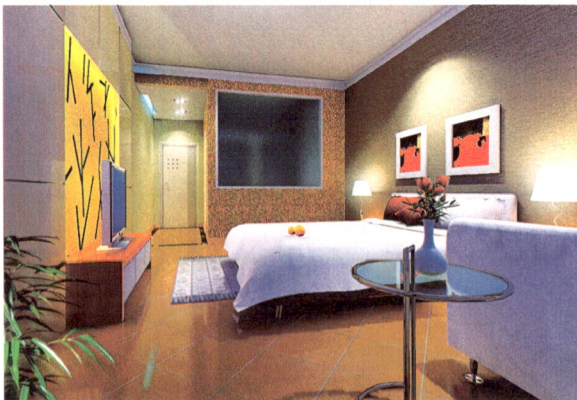

157

158

159

160

161

162

164

163

室内空间设计

165

166

167

168

169

170

171

室内空间设计

参考文献

1. 来增祥, 陆震纬. 室内设计原理. 北京: 中国建筑工业出版社, 2004.

2. 中国建筑学会室内设计分会. 全国室内建筑师资格考试培训教材. 北京: 中国建筑工业出版社, 2003.

3. 张绮曼, 郑曙扬. 室内设计资料集. 北京: 中国建筑工业出版社, 2005.